Cultivation and pests & diseases controlment of *Amomum tsaoko* in Nujiang

怒江草果栽培与病虫害防控

吴莲张　元　超　杨　毅　◎　主编

中国农业出版社

北　京

图书在版编目（CIP）数据

怒江草果栽培与病虫害防控 / 吴莲张，元超，杨毅主编. -- 北京 ：中国农业出版社，2025. 4. -- ISBN 978-7-109-33193-8

Ⅰ. S567. 23；S435. 67

中国国家版本馆CIP数据核字第2025PK4368号

怒江草果栽培与病虫害防控

NUJIANG CAOGUO ZAIPEI YU BINGCHONGHAI FANGKONG

中国农业出版社出版

地址：北京市朝阳区麦子店街18号楼

邮编：100125

责任编辑：刁乾超　　文字编辑：孙蕴琪

版式设计：李文革　　责任校对：吴丽婷　　责任印制：王　宏

印刷：北京中科印刷有限公司

版次：2025年4月第1版

印次：2025年4月北京第1次印刷

发行：新华书店北京发行所

开本：787mm × 1092mm　1/16

印张：12.75

字数：310千字

定价：168.00元

内容提要

本书是作者团队围绕云南怒江特色香料和民族药——草果开展多年研究的总结。全书聚焦草果的种植端，内容包括我国草果产业概况、草果的生物学特性及生长环境、草果的规范化生产及栽培技术、怒江草果常见病害及绿色防控技术、怒江草果常见虫害及生物防控技术等。全书在介绍草果生长习性的同时，也探讨了怒江草果产业扶贫如何成为人类减贫史上的重要成功案例、草果种植如何为高黎贡山构筑生物多样性安全保护的天然屏障，以及人与自然和谐相处的重要意义。

本书适合从事林下姜科中药材种植的研究、教学、培训和技术指导的科研工作者使用。

BIAN 编委会
WEI
HUI

主　编：吴莲张　元　超　杨　毅

副主编：和俊才　廖良坤　郭建伟　廖方平　黄　梅

编　委：张映萍　高鹏慧　董家红　和卫东　余少洪
友胜军　周继兰　张春华　何江斌　阿普前
查云盛　穆明兴　和秀丽　于福来　和雨秋
刘　君　周怀烨　谢金杨　李新华　余四友
宋启道　杨晓宇　彭芍丹　余秋花　李　彦
褚　勇　蔡跃莲　李自光　李四雄　李庆磊
尹育刚　易小光　庞永青

主编简介

ZHUBIAN JIANJIE

吴莲张 怒江绿色香料产业研究院高级农艺师，从事草果生产技术研究及推广，病虫害防控关键技术研究、标准制定，绿色干燥技术研究与推广。主持或参与国家及省部级项目15项，发表论文10篇，申请专利15项，主持或参与制/修订标准8项，担任云南福贡草果科技小院和云南福贡亚坪草果科技小院专家，获全国农牧渔业丰收奖三等奖、云南省科学技术进步奖三等奖、“基层优秀科技工作者”荣誉称号等，2024年入选怒江州“兴谷英才支持计划”产业创新人才。参与培育草果新品种1个，培训草果种植户近1万人次。

元　超 博士，中国热带农业科学院热带作物品种资源研究所副研究员，硕士生导师，海南自由贸易港“D类人才”，国家自然科学基金评委、中国热带作物学会香料饮料作物专业委员会委员、中国菌物学会药用真菌专业委员会委员、“怒江州荣誉市民”、怒江绿色香料产业研究院客座研究员。主持国家及省部级项目近20项，作为第一作者和通讯作者发表论文30余篇，获授权专利13项。

杨　毅 怒江绿色香料产业研究院副院长、正高级农艺师，全国辛香料标准化技术委员会（TC408）委员、怒江州第十二届政协委员、怒江州农业系列高评委、“云岭最美科技人”、云南省政府特殊津贴专家、怒江名家，长期从事农业技术推广服务工作，2024年入选怒江州“兴谷英才支持计划”峡谷精英人才。主持国家及省部级项目15项，10余项成果在生产上应用，发表论文8篇，获授权专利12项，培育草果新品种2个，获全国农牧渔业丰收三等奖1项、云南省科学技术进步奖三等奖1项。

前言

FOREWORD

草果（*Amomum tsaoko* Crevost et Lemaire）为姜科豆蔻属多年生草本植物，广泛分布于我国云南、广西、贵州等地。《中药大辞典》记载草果具有“燥湿除寒，祛痰截疟，消食化乱治疟疾，痰饮痞满，脘腹冷痛，反胃、呕吐、泻痢、食积”等功效。2015年被《中华人民共和国药典》收载，2019年正式进入国家药食两用物质目录，是提高人民生活品质和维护生命健康的重要农产品。

怒江傈僳族自治州（以下简称怒江州）具有独特的高山峡谷地貌、优越的生态环境和“双雨季”的气候优势，使其成为草果最适宜生长之地。20世纪70年代，怒江州开始零星种植草果，截至2023年年底，全州草果种植面积达111.45万亩*，挂果面积52万亩，鲜果年产量约4.75万t（挂果面积和产量均呈逐年上升趋势），年产值突破15亿元，产量及种植面积均占全国的55.7%，是我国草果核心产区和云南最大种植区，种植区域涉及21个乡（镇）116个村委会，直接带动泸水、福贡、贡山3个县（市）的傈僳族、怒族、独龙族、普米族等22个民族4.31万户16.5万人增收，约占全州总人口的1/3、农业人口的1/2。草果已成为怒江州山区、半山区百姓增收致富的核心产业，在打赢深度贫困地区脱贫攻坚战、建设和谐美丽怒江州中发挥着举足轻重的作用，被老百姓亲切地称为“金果果”。

---

* 亩为非法定计量单位，1亩≈667m^2。——编者注

怒江草果种植普遍存在“靠天吃饭”、产量不稳定、品种混杂、开花结果率低、种植管理粗放、质量参差不齐等问题，种植户对草果开花、传粉、分株特性、种植密度等习性了解少，草果定植之后基本处于“自生自养”的状态，容易栽也容易荒、容易丢，种植效益难以提升，而草果本身对种植条件和生长环境要求苛刻，对外界自然因素要求高，受环境变化影响大。例如2019—2021年的毒蛾类害虫危害，导致怒江草果年损失超过3 000万元；2023年花期干旱，导致坐果率低，减产超过50%；2024年花期雨量过多，导致授粉不良，结果率低。因此，掌握科学、高效的栽培技术尤为重要。根据广大种植户的需求，编者结合草果种植方面的研究和实践，以图文并茂的形式编写了本书。

本书共分为5章，第一章主要介绍世界草果产业概况，以及怒江草果与高黎贡山的紧密关系；第二章主要介绍草果的生物学特性，以及各种环境因子对草果生长的影响；第三章归纳了草果的不同繁育方式，以及不同生长阶段的水肥管理、果园管理和采收等环节的注意事项；第四章总结了草果种植中常见的病害种类、发病原因及绿色防控措施；第五章归纳了近年来危害草果种植的主要害虫种类、发生规律及绿色防控技术。

本书的编写工作得到中国农业科学院蜜蜂研究所徐书法研究员、张红城研究员，中国热带农业科学院热带作物品种资源研究所王家保研究员、王祝年研究员、张中润副研究员、杜公福副研究员，中国热带农业科学院环境与植物保护研究所陈青研究员的关心、指导和帮助，在此表示感谢。

本书的编写和出版得到云南省重大科技专项计划——怒江草果产业科技创新与应用研究（202202AE090035）、福贡县2021年特色草果系列研发项目（NYNCJ2021014）、国家自然科学基金项目（31860026）、中国热带农业科学院基本科研业务费专项（PZS2023004、PZS2022007）、昆明学院引进人才项目（XJ20230077）等项目的资助。

目录

CONTENTS

第一章 Chapter 1 草果产业概况

草果，学名为*Amomum tsaoko* Crevost et Lemarie，是姜科（Zingiberaceae）豆蔻属（*Amomum*）的一种多年生草本植物，茎丛生，高可达4m（图1-1），全株有辛香气，4—6月开花（图1-2），9—12月结果[1-2]。喜温暖、湿润、半阴半阳的环境，多生于阴湿的沟谷疏林下[3]。草果是药食两用的大宗香料品种，因其果实具有独特的香气和药用价值而备受关注，主要分布于我国的云南、广西、贵州等省份以及东南亚一些国家的热带和亚热带地区。

图1-1　草果全株（A）和草果植株地上部分（B）

图1-2　草果花

草果是重要的香料，被誉为"五香"之一。其果实香气浓郁，微辛辣而甘，常用于烹饪，可增加食物的风味，特别是在炖煮肉类和制作卤水、火锅底料、香肠等食品时，能有效去腥增香。同时，它也是咖喱粉、五香粉等复合调味品的重要原料。草果作为一种集药食两用的特色香料植物，不仅在烹饪领域有着广泛的用途，在医药领域也发挥着重要的作用（图1-3）。

草果在中医药学中具有重要地位，被列为常用中药材。《中华人民共和国药典》记载，草果性辛、温，归脾、胃经，具有燥湿温中、除痰截疟的功效，常用于治疗脘腹冷

图1-3 鲜草果（A）和干草果（B）

痛、呕吐腹泻、食积痞满、疟疾寒热等症。其主要活性成分为挥发油、生物碱等，具有抗炎、抗氧化、抗菌、抗病毒等作用。其果实、根茎等部位常被用于制作中成药和保健品，也是传统医学配方的常用配料。随着人们对天然药物需求的增长，草果在医药健康产业中的价值愈发凸显。

草果作为一种重要的经济作物和珍贵的药食两用资源，其产业链涵盖了从种植、加工到市场销售的全过程。草果产业的发展不仅关乎地域经济的繁荣，更关乎人民群众对健康生活的追求。在从种植、加工到市场销售的全链条中，草果产业展现出了强大的生命力和广阔的发展前景[4]。

种植环节是草果产业的基石。草果原产于我国西南部的热带、亚热带山地，对气候、土壤、海拔等生长条件有着严格的要求[5]。近年来，随着草果需求量的增加和种植技术的推广，草果的种植区域逐渐扩展，从传统主产区云南辐射至广西、贵州乃至东南亚地区。草果作为林下经济作物，对生态环境要求较高，种植草果首先需要种植遮阴树，因此草果种植区域的扩展有助于生态环境的恢复。草果的种植需要遵循生态种植理念，病虫害防控宜采用物理防控、生态防控，减少农药、化肥的使用，最大限度地减少对环境的影响，同时提高草果的产量与品质。此外，科研人员通过收集种质资源、组培等方式选育出抗病性强、产量高、香气浓郁的新品种，为草果产业注入源源不断的创新动力。

在加工环节，草果产业展现了极高的经济价值。草果果实经采摘、清洗、干燥（使水分含量降至14%以下），经筛选后，可直接作为香料出售，广泛应用于烹饪、烘焙、酱料制作等领域，其独特的香气为食物增添了别样的风味。然而，这只是草果加工的冰山一角。随着科技的深入应用，草果的深加工潜力被进一步挖掘。草果精油、草果提取物、草果保健品等高附加值产品相继问世，不仅满足了消费者对健康、天然产品的追求，也为草果产业开辟了更为广阔的发展空间。这些深加工产品的研发与生产，离不开现代化工设备、生物工程技术的支持，更离不开科研人员对草果成分的深入研究与挖掘。

市场销售环节是草果产业价值实现的关键。草果产品通过批发、零售、电商等多种渠道，走向千家万户的餐桌，走进各类食品、药品、化妆品的配方。其中，线上销售成为近年来草果市场拓展的一大亮点。借助电商平台、直播带货、社交媒体营销等数字化工具，草果及其制品得以迅速触达消费者，市场影响力不断提升。同时，各地政府、行业协会、企业等多方力量携手，通过举办“草果文化节”、申请地理标志产品保护、市场营销等方式，提升草果的知名度与市场影响力，推动草果产业品牌化发展。

总的来说，草果产业的发展历程是一部科技创新与市场需求相互驱动、相辅相成的历史长卷。从种植环节的绿色转型，到加工环节的科技创新，再到市场销售环节的品牌塑造，每一个环节都蕴含着无限的生机与活力。未来，草果产业将继续秉持创新驱动、绿色转型、品牌引领的发展策略，实现产业升级、市场拓展、品牌提升，为经济社会发展、生态文明建设、推进实施乡村振兴战略作出更大贡献。

一、草果的价值

（一）草果的食用价值

草果是一种调味香料，是我国广大城乡人民日常生活中不可缺少的必需品。草果具有特殊的浓郁辛辣香味，能除腥气、增进食欲，是烹调佐料中的佳品。另外，草果全株都是宝，茎、芽、花、果都可做成美食。草果的食用价值和食用方法如下。

1.香料属性

香气独特：草果以其独特的香气著称，其气味辛香、微甜，具有较强的穿透力和持久性，被誉为“五香”之一。草果用于烹饪，能有效去除肉类、海鲜等食材的腥膻之气，提升菜品的香气层次，使食物味道更加醇厚诱人。

增香提味：草果适用于各种烹饪技法，如炖煮、煎炒、烧烤、腌制等。在炖汤、熬制卤水以及制作火锅底料、香肠、酱料等食品时，加入适量草果，能够显著提升食品的风味，使其更具特色。炖煮牛羊肉时放点草果，既能增添清香，又能去除膻臭。

2.营养成分

富含多种有益物质：草果中含有丰富的挥发油、生物碱、黄酮类化合物、矿物质、维生素等营养成分。这些成分对人体健康具有积极作用，如抗氧化、抗炎、抗菌、助消化等。

促进消化吸收：草果所含的挥发油具有刺激唾液和胃液分泌的作用，有助于增进食欲、促进消化。在中医理论中，草果具有温中散寒、开胃消食的功效，常用于调治脾胃虚寒引起的食欲不振、消化不良等症状。

3. 食用方法

草果作为一种常见的香料和药材，其食用方法多种多样，以下是几种常见的草果食用方法。

（1）烹饪调味。草果是最常见的烹饪调料之一，其独特的香气和味道可以为菜肴增添浓郁的风味。在炖煮、烧烤、卤制、腌制、调味等烹饪过程中加入适量的草果干果，可以使食物的味道更加醇厚诱人（图1-4）。

图1-4　草果烹饪调味

（2）泡茶饮用。草果干果或草果粉可以泡茶饮用。将草果干果放入茶杯中，加入热水冲泡，待草果的香气充分散发出来后即可饮用。草果茶具有独特的香气和口感，有助于提神醒脑、缓解疲劳、增进食欲、促进消化。

（3）炖汤佐料。草果干果可以作为炖汤的佐料，用于炖鸡、炖鸭、炖猪蹄等。将草果干果放入锅中，加入适量的水和其他佐料，炖煮至熟烂即可。用草果炖出的汤具有浓郁的香气和醇厚的口感，可滋补身体、增强免疫力、缓解疲劳。

（4）烘焙食品配料。草果干果可以作为烘焙食品的配料，用于制作面包、月饼、饼干、蛋糕等。将草果干果磨成粉末，加入面团中，烘烤至熟即可。草果烘焙食品具有独特的香气和口感，有助于增加食欲，还可提高食物营养价值。

（5）药膳制作。草果干果可以作为药膳的配料，用于制作草果炖鸡、草果炖猪肚、草果炖鱼等。将草果干果与中药材、食材一起炖煮，具有滋补身体、增强免疫力、缓解疲劳、调节内分泌等功效。

（6）制作凉拌菜和泡菜。未成熟的鲜嫩草果可用生抽等调味料制作成鲜香可口的特色美食——泡草果，3—7月采摘的鲜嫩草果芽可切丝后用生抽等调味料凉拌，或与黄瓜一起制作成开胃解暑的凉菜。

此外，草果干果还可以用来制作香囊（图1-5）。将草果干果放入布袋中，缝合后挂在室内、衣柜内、汽车内等处，可以净化空气、消除异味、提神醒脑。草果的食用方法多种多样，可以根据个人口味和需求选择合适的食用方法，享受草果的独特香气和口感，同时也可以充分发挥草果的药用价值，为身体健康带来益处。

图1-5　草果香囊

（二）草果的药用价值

草果味辛性温，有温中健胃、消食顺气、祛寒除湿的功能，并能解酒毒、去口臭。果实入药能治心腹疼痛、食积不消、止泻、呕吐、食欲不佳、咳嗽痰多、胸满腹胀等症。草果的药用功能在各医书上都有记载。《本草纲目》记载："滇广所产草果，长大如诃子，其皮黑厚而棱密，其子粗而辛臭，正如斑蝥之气，元朝饮膳，皆以草果为上供""草果，与知母同用，治瘴疟寒热，取其一阴一阳无偏胜之害，盖草果治太阴独胜之寒，知母治阳明独胜之火也"。《中药大辞典》记载："燥湿除寒，祛痰截疟，消食化滞，治疟疾，痰饮痞满，脘腹冷痛，反胃、呕吐、泻痢、食积"。《本草品汇精要》记载："草果温脾胃，止呕吐，霍乱恶心，消宿食，导滞避邪，除胀满，却心腹中冷痛"。《饮膳正要》记载："治心腹痛、止呕、补胃、下气"。《本草求原》记载："治水肿、滞下，功同草蔻"。《本经逢原》记载："除寒、燥湿、开郁、化食，利膈上痰，解面食、鱼肉诸毒"。《本草求真》记载："草果与草豆蔻，诸书皆载气味相同，功效无别，服之皆能温胃逐寒，然此气味浮散，凡冒巅雾不正瘴疟，服之直入病所而皆有效"。

总体而言，草果在中医药学中被认为具有燥湿健脾的功效，适用于湿困脾胃、脘腹胀满、恶心呕吐、腹泻等病症。草果性辛温，能温中散寒、燥湿化痰，对于寒湿内阻、脾胃运化失常所致的上述症状有良好的调理作用。同时，草果还有截疟止呕的功效，可用于治疗疟疾寒热、胸闷呕吐等病症，其辛散温通之力，有助于解除疟邪，同时调理脾胃，减轻呕吐症状。

相关资料显示，截至2023年年底，已生产上市的含草果成分的中成药有30种，如脾胃舒丸、舒肝保坤丸、透骨镇风丸（透骨镇风丹）、八宝瑞生丸、草果四味汤散、二十五味珍珠丸、三十五味沉香丸、固精麦斯哈片、香果健消片等（图1-6）；药膳10种，如陈皮草果赤豆鲤鱼等；茶方2个，如青山茶；汤方6个，如乌鸡汤等；酒方5个，如白花蛇酒等；方剂150个，如草果柴平汤、草果丸、豆蔻草果饮子、达原饮（瘟疫发热）等。同时，还有多个用于治疗寒湿腰痛、痿症、骨蒸劳热、脚气病、水肿、食积症、泄泻等病症的民间验方。

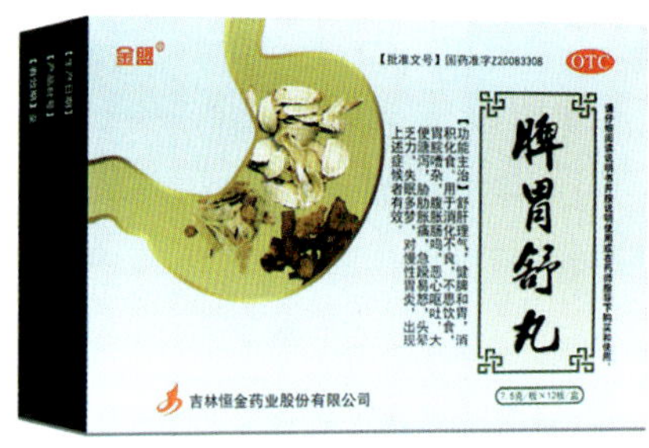

图1-6　草果相关药品

现代医学研究表明，草果及其提取物主要有以下5个方面的作用。

一是保护胃肠功能。成都中医药大学药学院吴怡等的研究显示，草果提取物对胃黏膜有保护作用，能够防治胃溃疡[6]。

二是抗菌作用。海南大学食品科学与工程学院唐志凌等的研究表明，草果提取物可抑制大肠杆菌和沙门氏菌，同时证明了草果提取物对幽门螺杆菌具有较强的抑制作用，可保护胃黏膜、防治溃疡[7]。

三是抗炎作用。中国热带农业科学院农产品加工研究所的研究表明，草果精油具有显著的抗炎活性，能显著抑制细胞一氧化氮的生成，从而减轻炎症反应，并通过NF-κB and MAPKs信号通路发挥抗炎作用。

四是抗氧化作用。草果提取物有明显的清除自由基、抗氧化的作用，是极具潜力的天然抗氧化剂。贵州大学的相关研究表明草果乙醇提取物对DPPH自由基的清除率超过90%，草果多酚类物质的抗氧化能力明显高于挥发油。

五是降糖作用。中国科学院昆明植物研究所的团队研究发现草果提取物在db/db小鼠上具有明显的降血糖作用，对其进行系统研究发现，二芳基庚烷和黄酮类成分对α-葡萄糖苷酶和PTP1B具有明显的抑制活性作用，是其主要降血糖活性成分。

此外，草果的某些成分有助于降低血脂，对心血管健康有益。

根据草果不同的用药方式，其药用价值主要体现在以下3个方面。

1.草果果实

草果果实是常用的中药饮片，具有燥湿健脾、行气宽中、消食化滞、除痰截疟的功效，常用于治疗脾胃虚弱、湿浊中阻、胸腹胀满、恶心呕吐、泄泻、疟疾等病症。草果果实中的有效成分主要包括挥发油、黄酮类化合物、生物碱、糖类、氨基酸、微量元素等。

2.草果提取物

草果提取物是指从草果果实中提取出的水溶性或醇溶性成分，如草果浸膏、草果提取液、草果黄酮等。草果提取物具有草果果实的部分药理活性，如抗炎、抗氧化、抗菌[8]、抗病毒、降血脂、保肝、抗癌等[9-10]。

3.草果精油

草果精油是草果果实中的挥发性成分，具有特殊的香气和药理活性（图1-7）。草果精油的主要成分包括桉叶素、芳樟醇、柠檬醛、香叶醇、丁香酚等[11]，这些成分具有抗菌、抗炎、抗氧化、镇痛、抗焦虑、抗抑郁等作用[12-14]。在芳香疗法中，草果精油常用于改善情绪、舒缓压力、提高睡眠质量、增强免疫力等。草果全株可提取精油，草果种子团的挥发油含量为2%～3%，以下是草果精油中的一些主要成分及其特点（表1-1、图1-8）。

图1-7　草果精油

表1-1　草果挥发油成分及相对含量

序号	名称	分子式	CAS号	相对含量/%	类别
1	β-蒎烯	$C_{10}H_{16}$	127-91-3	0.710 9	萜烯类
2	α-水芹烯	$C_{10}H_{16}$	99-83-2	6.482 4	萜烯类
3	1,8-桉树脑	$C_{10}H_{18}O$	470-82-6	27.631 5	醇类
4	α-蒎烯	$C_{10}H_{16}$	80-56-8	0.078 9	萜烯类
5	β-罗勒烯	$C_{10}H_{16}$	13877-91-3	0.170 8	萜烯类
6	反-2-辛烯醛	$C_8H_{14}O$	2548-87-0	1.143 1	醛类
7	α-荜澄茄油烯	$C_{15}H_{24}$	17699-14-8	0.015 5	萜烯类
8	乙酸辛酯	$C_{10}H_{20}O_2$	112-14-1	0.197 5	酯类
9	癸醛	$C_{10}H_{20}O$	112-31-2	0.070 7	醛类
10	(Z)-3-辛烯-1-醇乙酸酯	$C_{12}H_{22}O_2$	2497-23-6	0.273 4	酯类
11	芳樟醇	$C_{10}H_{18}O$	78-70-6	0.142 9	醇类

（续）

序号	名称	分子式	CAS号	相对含量/%	类别
12	辛醇	$C_8H_{18}O$	111-87-5	0.088 5	醇类
13	4-萜烯醇	$C_{10}H_{18}O$	562-74-3	0.456 1	醇类
14	反-2-辛烯-1-醇	$C_8H_{16}O$	18409-17-1	0.188 8	醇类
15	反-2-癸烯醛	$C_{10}H_{18}O$	3913-81-3	10.337 2	醛类
16	香叶醛	$C_{10}H_{16}O$	5392-40-5	4.636 6	醛类
17	α-松油醇	$C_{10}H_{18}O$	98-55-5	1.566 3	醇类
18	橙花醛	$C_{10}H_{16}O$	141-27-5	11.709 4	醛类
19	乙酸香叶酯	$C_{12}H_{20}O_2$	105-87-3	7.403 0	酯类
20	香茅醇	$C_{10}H_{20}O$	106-22-9	0.027 5	醇类
21	2-苯基丁醛	$C_{10}H_{12}O$	2439-43-2	11.896 8	醛类
22	香叶醇	$C_{10}H_{18}O$	106-24-1	11.097 3	醇类
23	反-2-十二烯醛	$C_{12}H_{22}O$	20407-84-5	1.108 2	醛类
24	乙酸薄荷酯	$C_{12}H_{22}O_2$	89-48-5	0.320 8	酯类
25	α-亚乙基-苯乙醛	$C_{10}H_{10}O$	4411-89-6	0.869 0	醛类
26	α-甲基肉桂醛	$C_{10}H_{10}O$	101-39-3	0.712 8	醛类
27	反-橙花叔醇	$C_{15}H_{26}O$	40716-66-3	0.576 1	醇类
28	榄香醇	$C_{15}H_{26}O$	639-99-6	0.088 0	醇类

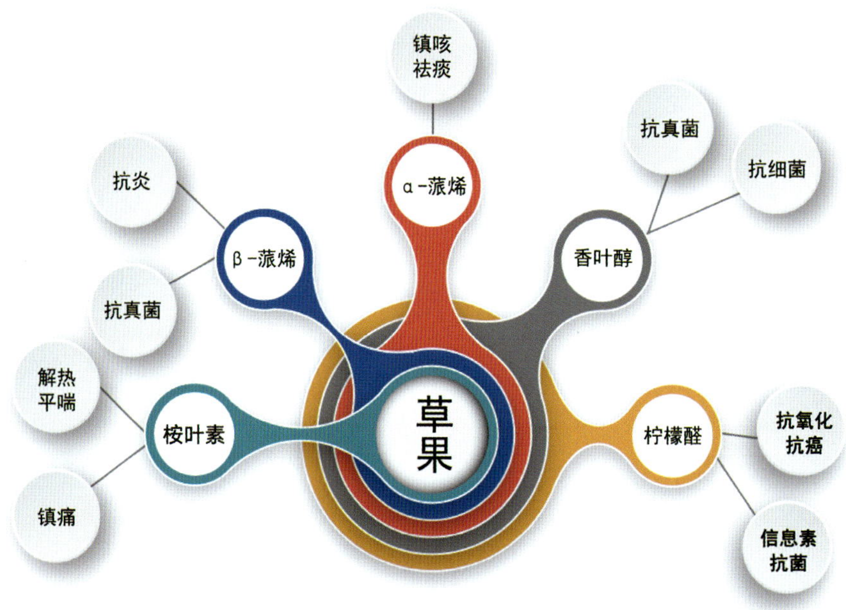

图1-8　草果功效

（1）酚类化合物[15]。包括芳樟醇、桉叶素和松油醇等。

芳樟醇（Linalool）：草果精油中含量较高的单萜醇类化合物，具有温和、清新的香气，具有抗菌、抗炎、镇静神经、抗焦虑等作用。

桉叶素（Eucalyptol）：又称1,8-桉树脑，具有清凉、醒脑的香气，具有良好的抗菌、抗病毒、抗炎、镇咳、祛痰等功效。

松油醇（Terpineol）：具有柔和、甜润的香气，具有抗菌、抗氧化、抗炎、镇静神经等作用。

（2）醛类化合物。包括柠檬醛和香茅醛等。

柠檬醛（Citral）：主要由α-柠檬醛和β-柠檬醛组成，赋予草果精油鲜明的柑橘香气，具有抗菌、抗氧化、抗炎、镇痛等功效。

香茅醛（Citronellal）：带有清新的柠檬草香气，具有良好的驱蚊、抗菌、抗炎、镇静等作用。

（3）酯类化合物。包括乙酸芳樟酯和乙酸牻牛儿酯等。

乙酸芳樟酯（Linalyl acetate）：具有柔和、花香般的香气，具有舒缓神经、抗焦虑、抗炎等作用。

乙酸牻牛儿酯（Geranyl acetate）：带有花香和水果香气，具有一定的抗菌、抗氧化、抗抑郁等作用。

（4）醇类化合物。包括β-石竹烯等。

β-石竹烯（β-Caryophyllene）：具有木质、辛辣香气，是一种具有抗炎、镇痛、抗氧化作用的倍半萜类化合物，同时也是人体内大麻素受体的激动剂，可能具有神经保护和抗焦虑作用。

（5）其他化合物。包括香叶醇和丁香酚等

香叶醇（Geraniol）：具有玫瑰、柑橘香气，具有抗菌、抗氧化、抗抑郁等作用。

丁香酚（Eugenol）：具有强烈的丁香香气和辛辣感，具有良好的抗菌、抗炎、镇痛、抗氧化作用。

草果精油中的这些主要成分共同构成了其独特的香气特征，并赋予其多种生物活性和药用价值。值得注意的是，精油成分可能会受草果品种、产地、提取方法等因素影响而有所差异。在实际应用中，草果精油常被用于香料、化妆品、个人护理产品、医药等领域，以及作为芳香疗法的材料。

（三）草果的生态价值

草果生长在常绿阔叶林下的山凹之中，不与其他作物争地，又可充分利用林间资源，保护常绿阔叶林，涵养水源，保护水土，为农业稳产高产创造良好生态环境（图1-9）。

怒江州发展草果种植以来，不但保护了大面积的天然林，还新增了很多人工常绿阔叶林等水源林，大大减少了怒江草果种植区域的泥石流和洪水的发生，保护了大片良田和村庄，可见草果的生态效益是不可低估的。另外，草果园生态系统完备，草果清香弥漫于林间，可开发生态旅游。

图1-9　草果的生长环境

草果的生态价值主要体现在以下5个方面。

1.水土保持与生物多样性保护

草果为多年生草本植物，根系发达，能有效固定土壤，减少水土流失，对保持山地、丘陵等复杂地形的水土稳定性能起到积极作用。同时，草果种植园往往与林下种植相结合，形成林草复合生态系统，有助于保护生物多样性，维持生态平衡。

2.碳汇功能

草果在生长过程中通过光合作用吸收大气中的二氧化碳，释放氧气，具有固碳减排的作用。大规模种植草果有助于增加植被覆盖，增强区域碳汇能力，对减缓全球气候变化有一定贡献。

3.水源涵养与气候调节

草果种植地多位于湿润的山地、林缘地带，其茂密的植株可以截留雨水，减缓地表径流，提高土壤水分涵养能力，对保护水源地水质、防止洪水灾害具有一定作用。此外，草果林能调节局部小气候，通过蒸腾作用增加空气湿度，降低气温，改善生态环境。

4.生态旅游与教育价值

草果种植区及周边的自然景观、人文景观可以开发为生态旅游景点，吸引游客参观、体验，带动乡村旅游经济。同时，草果种植过程、生物多样性保护等内容可以融入生态教育课程，有助于提高公众的生态保护意识，促进人与自然和谐共生。

5.林下经济与提升土地利用效率

草果与乔木、灌木等树木搭配种植，形成林下经济模式，在不影响林木生长的前提下，提高土地利用效率，增加农民收入，实现经济、生态双重效益，是践行绿水青山就是金山银山的产业实践。

（四）草果的经济价值

栽培草果的好处较多，种植3年后即可开花结果，7年后进入盛果期，连续结果20～30年，一般可以生长几十年。如怒江州泸水市上江镇蛮英村中河小组1981年种植的草果，2019年采集的草果果穗参加怒江州首届“草果王”比赛，名列前10，近年来仍保持着250kg/亩以上的年产量。由于种植草果的受益时间长，用工相对于其他农作物少，经济价值高，成熟期在秋收后，采果不与粮食生产争劳力，被群众称为“山中摇钱树”。特别是在怒江州脱贫攻坚战中，草果产业发挥了重要作用（图1-10）。

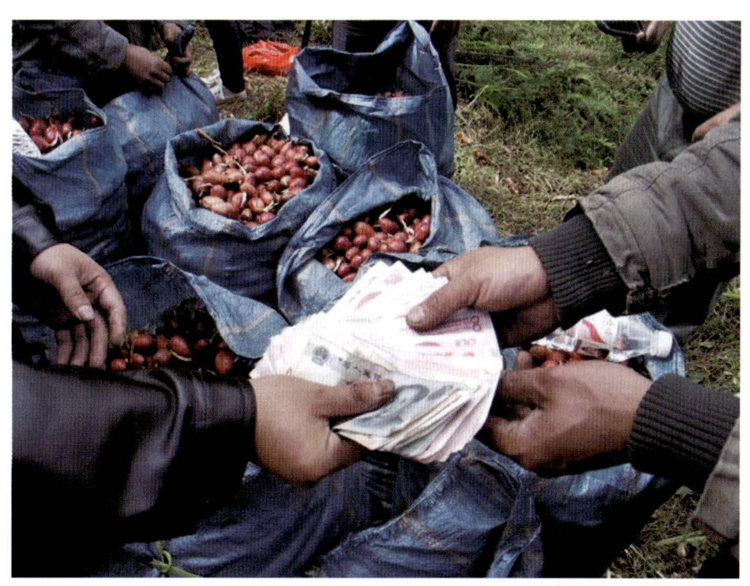

图1-10 草果的经济价值

草果的经济价值主要体现在以下5个方面。

1.农业产值

草果作为一种重要的经济作物，其种植、加工、销售等环节直接创造了农业产值。据统计，中国草果种植面积约200万亩，年产干果约2万t，年产值超过10亿元。种植草果成为山区或半山区农民增收、农业增效的重要途径。

2.就业带动

草果产业链长，种植、采收、加工、销售、物流、服务等环节可提供大量就业岗位。种植、加工、销售草果及相关产品，可直接带动农民就业，同时带动包装、物流、服务等相关产业的发展，创造大量非农就业岗位，对缓解农村劳动力就业压力、提高农民收入具有积极作用。

3.出口创汇

草果作为中国传统香料和药材，具有较高的国际市场需求。据统计，中国草果年出口量约2 000t，年出口额超过1亿元人民币。草果出口不仅增加了外汇收入，也提升了中国农产品的国际影响力和竞争力。

4.产业融合发展

草果产业与乡村旅游、研学科普、文化体验、美食餐饮等产业融合发展，形成了“草果+”新型产业模式。草果种植基地、草果庄园、“草果文化节”等吸引了大量游客，带动了餐饮、住宿等相关产业的发展，实现了农业与旅游业的深度融合，提升了产业附加值。

5.品牌效应

草果因具有独特的香气和药用价值，被誉为“五香”之一，具有较高的品牌价值。通过申请地理标志产品保护、有机认证、绿色食品认证等，提升草果的品牌形象和市场竞争力，进一步提高了草果的经济价值。

综上所述，草果不仅是一种深受人们喜爱的香料，具有显著的增香提味效果，还富含有益营养成分，具有促进消化吸收的作用。在药用价值方面，草果在中医理论中被广泛应用于治疗脾胃病、疟疾等，现代医学研究则揭示了其在抗氧化、抗炎、抗菌、抗病毒、调节血糖血脂等方面的潜在功效。草果的食用价值与药用价值共同决定了其在饮食文化与医药领域的独特地位。草果的经济价值体现在农业产值、就业带动、出口创汇、产业融合发展、品牌效应等多个方面，对推动地方经济发展、农民增收、产业转型升级具有重要作用。草果的生态价值体现在水土保持、固碳减排、水源涵养、气候调节、提升土地利用效率等多个方面，对维护区域生态平衡、促进可持续发展具有重要意义。

二、草果生产与贸易概况

（一）生产情况

1.地域分布与种植环境

（1）主要产区。全球草果的主产区是中国的云南省，靠近云南的越南、缅甸、老挝等东南亚国家也有较大面积的草果种植，此外，中国的广西、贵州、四川等地也有少量种植。中国是世界上第一大草果生产国，产量占全球的80%以上，其中云南省草果产量占全国的90%以上[16]。云南省草果种植主要分布在怒江、保山、德宏、文山、红河和普洱等州（市）的14个市（县），种植总面积约200万亩。云南怒江州是中国草果种植面积最大的地级行政区，截至2023年年底，全州草果种植面积达111.45万亩，干果产量在1万t左右，面积和产量均占全国的1/2以上。

云南省草果种植最适宜区：福贡、贡山、泸水、盈江、腾冲、马关、屏边、麻栗坡。

云南省草果种植较适宜区：绿春、金平、龙陵、陇川。

云南省草果种植零星分布区：富宁、元阳、澜沧等。

怒江草果种植面积最大的乡（镇）：普拉底乡，为13.72万亩；马吉乡，为10.71万亩；上帕镇，为10.23万亩；独龙江乡，为10.16万亩。

怒江草果种植最适宜区：独龙江乡、马吉乡、石月亮乡、普拉底乡、鹿马登乡。

（2）生态环境。草果属于热带、亚热带山地植物，对生长环境要求较高。理想的种植环境如下。

气候条件：年均气温在18 ～ 25℃，降水量充沛，无霜期长。

土壤条件：土层深厚、排水良好、富含有机质的沙壤土或壤土。

地形地貌：山地、丘陵地带，坡度适中，光照充足。

（3）种植模式。林下种植。

草果是一种半阴生植物，怕强光直射，喜散射光，因此在生长发育过程中需要一定的郁闭条件，通常草果地需要种植遮阴树，并利用天然林下空间，与乔木、灌木等形成复合生态系统，有利于保持土壤湿度、减少病虫害发生，同时落叶腐烂后能够提高土壤有机质含量，维持土壤肥力（图1-11）。

图1-11　草果林下种植

2.产量规模与市场供需

（1）全球产量。全球草果年产量（干果）约为2.3万t，其中中国产量占比超过80%，居全球首位。由于草果对种植环境的要求极高，近年来多次出现高价，能种草果的地区都种上了草果，全球草果种植面积和产量总体呈稳定趋势。

（2）中国产量。中国草果年产量（干果）在2万t左右，其中云南产量占全国的90%以上。云南怒江州、德宏傣族景颇族自治州（以下简称德宏州）、保山市、文山壮族苗族自治州（以下简称文山州）、红河哈尼族彝族自治州（以下简称红河州）等地为草果主产区。

（3）市场供需。全球草果市场需求稳定增长，主要用作食品调料、中药材，以及进一步加工成提取物、精油等高附加值产品。目前，市场存在一定的供过于求现象，但优质草果供不应求，随着草果食药同源研究的深入，草果的应用范围将不断拓展，产品种类不断丰富，市场需求将不断扩大，从长远来看，草果市场前景广阔。

3.种植技术与科技创新

（1）栽培技术。

良种选育：通过种质资源收集、选育、组培等，培育高产、优质、抗逆性强的草果新品种。

种植密度与行距：根据水资源、土壤肥力等因素确定种植密度和行距，提高土地利用率，改善通风透光条件[17]。

施肥管理：施用有机肥、生物肥，配合适量的磷钾肥，提供草果生长所需养分。

（2）病虫害防控。

生物防控：采用天敌昆虫、微生物制剂等生物防控方法，减少农药使用量。

物理防控：设置杀虫灯、诱捕器等物理设施，降低虫口密度。

（3）水分管理。采用滴灌、喷灌等节水灌溉技术，保持土壤适宜湿度，提高水资源利用率。

（4）采收与加工。

适时采收：草果果实充分成熟、香气浓郁时采收。

干燥处理：采收后的草果果实经过烘干、晾晒等处理，达到适宜的含水量。

分级与包装：按照大小、色泽、加工方式等指标进行分级，包装后进入市场流通。

4.未来发展机遇与挑战

（1）草果产业规模化与标准化。构建和完善草果种植、加工、流通等环节的标准体系，提升产业整体水平。

（2）科技创新与成果转化。加大科研投入，开展草果遗传改良、病虫害防控、高效栽培、绿色干燥加工等关键技术研究，推动科技成果转化为生产力。

（3）品牌建设与市场营销。打造区域公用品牌、企业自主品牌，通过电子商务、展会、媒体宣传等方式提升草果知名度，拓宽销售渠道。

(4) 绿色发展与生态农业。推广生态种植模式，减少农药、化肥的使用，保护生物多样性，实现经济效益、社会效益和生态效益的统一。

综上所述，草果产业在地域分布、产量规模、种植技术等方面表现出鲜明的地域特色与科技含量。未来，草果产业将朝着规模化、标准化、科技化、品牌化、绿色化等方向发展，持续提升产业竞争力，满足市场需求，实现可持续发展。

（二）贸易情况

在全球贸易舞台上，草果以其独特的经济价值与市场需求，构建起一条涵盖生产、加工、流通、消费的全球化产业链。

1.全球供需动态

(1) 供给端。

种植区域与产量：草果主要产自中国云南省，以及东南亚的越南、缅甸、老挝等国家和地区。中国作为全球最大的草果生产国，其产量亦居首位。近年来，受种植技术进步、市场需求拉动等因素影响，适宜种植的区域都种上了草果，全球草果产量总体呈现稳定态势。

季节性与周期性：草果的采收季节通常为秋季，其产量受气候、病虫害等因素影响较大，呈现出一定的季节性和周期性波动。

(2) 需求端。

食品与餐饮行业：草果作为重要的香料，被广泛应用于各类中式菜肴、火锅底料、卤味、香肠等食品的加工中，其市场需求与餐饮业的发展密切相关（图1-12）。随着全球消费者对东方美食的兴趣增长，草果在国际餐饮市场的需求持续增加。

图1-12　草果与餐饮

医药与保健品行业：草果在中医药学中具有燥湿温中、除痰截疟的功效，被广泛用于制作药品、保健品。随着对天然药物和健康生活方式的追求在全球成为趋势，草果在医药市场的需求逐渐增大。

个人护理与家居用品：草果精油、提取物等被用于制作护肤品、香水、香薰等个人护理产品，以及空气清新剂、家居清洁剂等家居用品，进一步拓宽了草果的市场需求领域。

2. 市场格局与竞争态势

（1）区域市场分布。

亚洲市场：中国和东南亚地区是草果主产区，同时也是主要消费市场。随着亚洲各国经济的发展与饮食文化的传播，亚洲市场对草果的需求持续增长。

欧美市场：草果在欧美地区的认知度逐渐提高，尤其是在餐饮业、天然医药及个人护理产品中，草果的应用越来越广泛。尽管草果的市场规模相对较小，但增长潜力不容忽视。

其他市场：中东地区、非洲、南美洲等地也有一定的草果消费市场，主要依赖进口满足需求。

（2）竞争格局。

生产商竞争：中国、东南亚地区等主产区的草果生产商在产品质量、价格、品牌、渠道等方面展开竞争。大型企业凭借规模优势、技术优势、产品质量、品牌影响力和完善的销售渠道占据市场主导地位，小型农户、小型加工厂则依靠低劳动力成本、价格、直销等方式竞争市场。

贸易商竞争：全球范围内从事草果贸易的企业众多，竞争激烈。贸易商通过优化供应链管理、利用信息差等方式提升竞争力。

3. 贸易模式与流通渠道

（1）贸易模式。

直接贸易：买家到产地看货或通过电话、微信沟通，与生产商直接签订订单，再通过物流方式运输草果。

间接贸易：通过中间商（如贸易公司、经纪人）进行买卖，中间商负责采购、仓储、运输、销售等环节，可降低生产商面临的市场风险。

电商交易：生产商和销售商可借助互联网平台直接触达全球消费者，实现线上交易。

（2）流通渠道。

批发市场：国内外大型农产品批发市场是草果流通的重要渠道，草果在此进行集中交易、分销，目前国内主要的草果集散批发市场位于广西玉林、四川成都、安徽亳州等地。

零售商：超市、集市、药店、香料专卖店、电商平台等零售终端直接面向消费者销售草果及其制品。

餐饮供应链：餐饮企业、食品加工厂等通过专门的供应链管理系统采购草果，确保原材料供应的稳定性和质量。

4. 未来发展趋势与展望

（1）市场需求持续增长。随着全球消费者对东方美食的接受度提高，对天然药物和健康生活方式的追求成为趋势，草果的市场需求将持续增长。

（2）产业结构升级。草果产业将向深加工、精细化、品牌化方向发展，草果提取物、精油、保健品等高附加值产品的市场份额有望提升。

（3）技术创新与绿色发展。科技创新将推动草果种植、加工、物流等环节的效率提升和成本降低，绿色生产、有机认证将成为行业发展趋势。

草果贸易在全球供需动态、市场格局、流通渠道等方面呈现出多元化、复杂化的特征。面对未来，草果产业应把握市场需求增长、产业结构升级、技术创新与绿色发展等机遇，应对市场竞争等挑战，实现可持续、高质量发展。

（三）草果产业链的构成

草果产业链是一条涵盖种植、加工、销售、服务等多个环节的综合性产业链，其构成主要包括以下4个部分。

1. 种植环节

种子、种苗供应：包括草果种质资源的收集、保存、鉴定、评价，以及优质种苗的组培、繁育和销售。这一环节确保了草果种植的源头质量。

种植：草果种植基地是产业链的基础，通常为农户分散种植。种植过程中涉及土地整理、播种、施肥、灌溉、病虫害防控、采收等一系列农业生产活动。

技术支持与服务：包括农业科研机构、推广部门提供的种植技术培训、病虫害防控指导等服务，为草果种植户提供科学的种植管理方案。

2. 加工环节

初级加工：采摘后的草果经过清洗、晾晒、分级、包装等工序，制成干草果，这是最常见的草果产品形态，便于储存和运输。

深加工：将干草果进一步加工成草果粉、草果精油、草果提取物等高附加值产品。这些产品广泛应用于食品、药品、保健品、化妆品等领域。

技术研发与设备制造：包括草果加工工艺的研发、专用加工设备的制造与销售，为草果加工业提供技术支持与装备保障。

3. 销售环节

批发市场：草果通过各级农产品批发市场进行流通，供应给餐饮企业、食品加工企业、药材商等下游客户。

零售市场：超市、农贸市场、电商平台等零售渠道直接面向消费者销售草果及其制品，以满足家庭烹饪和个人消费需求。

4. 服务环节

物流仓储：包括草果产品的运输、仓储等服务，确保产品在流通过程中的质量和安全性。

信息服务：提供草果的市场行情、价格指数、供求信息等数据服务，为产业链各环节参与者作出决策提供参考。

金融服务：通过农业保险、农业信贷、农业期货等金融工具，为草果产业提供风险管理、资金支持等金融服务。

质量监管与认证：包括产品质量检测、食品安全监管、有机认证、地理标志产品保护等，保障草果产品的质量安全，提升消费者信任度。

草果产业链涵盖了从种植、加工、销售到服务的全过程，各环节相互关联、相互依存，共同构成一个完整的产业生态系统。通过优化产业链结构、提升各环节效率，可以有效推动草果产业的持续、健康发展。

三、草果产业发展历程

草果原产于中国与越南，老挝、缅甸有种植。我国草果主产于云南，云南的种植面积、产量均占全球80%以上，广西、贵州少量种植。云南红河、文山的草果栽培历史悠久，中国最早种植草果的地区可能是云南马关、屏边一带[18]。云南大面积种植草果始于20世纪80年代，从2000年开始，怒江州、保山市、德宏州等地区大力发展草果种植，在部分产区，草果成了农户脱贫致富的“金果果”。近年来因极端气候频发，云南草果原主产区红河州、文山州等地受自然灾害、病虫害影响严重[19]，再加上受草果植株老化、种植结构调整及生态保护矛盾突出等原因影响，草果种植面积逐年减少，而位于滇西北的怒江州因气候环境具有特殊性，草果种植面积趋于稳定。截至2023年年底，怒江州草果种植面积达111.45万亩，年产干果1万t左右。

草果最早见于汉代《华佗神方》中一则由华佗所创的治疗马翻胃的药方：“益智仁、肉豆蔻、五味子、广木香、槟榔、草果、细辛、青皮、当归、厚朴、川芎、官桂、甘草、砂仁、白术、芍药、白芷、枳壳、木香，上各等份，每服两半，加枣五枚，姜五片，苦酒五斤，同煎三沸，候温灌之。”这个古老方剂包含多种药材，虽提及“草果”，但并未提供草果的植物学特征、主治功能、味道（性味）、功效或归经等具体信息。如果可以确认该方中的草果与现代所称的草果为同一物种，那么这将意味着在东汉时期，甚至更早，草果就已经被人们采集并应用于医疗实践中了。换句话说，草果作为一种药材的使用历史，可能比有详细记载的文献所示更为悠久，其历史根源深植于中国古代的医药文化之中。

明代李时珍的《本草纲目》对草果有更详细的记载："滇广所产草果，长大如诃子，其皮黑厚而棱密，其子粗而辛臭，正如斑蝥之气，元朝饮膳，皆以草果为上供。"描述了草果的形态特征及其在元代被视作高级调味品的应用情况。这表明至少在明代以前，草果就已经在饮食和药用方面扮演了一定的角色，尤其是在云南和广西地区（即"滇广"）。书中记载了草果的性味、功效、归经及主治等方面信息，奠定了草果在中医药学中的地位。

宋代诗人章甫在《分题得草果饮子》中详细描述了草果的生长环境、外观特征、香气品质、药用价值，以及对草果的钟爱之情，展现了草果在古代生活中的重要地位。

分题得草果饮子

宋 · 章甫

神农书本草，有美生南州。
春华穗端垂，仿佛芙蓉秋。
青囊贮嘉实，璀璨安石榴。
香味极辛烈，果中第一流。
磊落入盘饤，和羹充肴脩。
温中与下气，功用亦罕俦。
苞苴走四海，药笼必见收。
吾老苦病暍，淡味空频投。
作饮近得此，选择知独优。
碧井沈银瓶，斟酌得自由。
蔗浆已觉俗，茗粥良可羞。
乃知古圣人，收拾靡不周。
日遇七十毒，纵死夫何忧。
但吾赤子多，疾苦庶有瘳。
大哉仁者心，当与天地侔。

章甫，字冠之，号转庵居士，又号易足居士，鄱阳（今江西鄱阳）人。工诗，善书法，怀才不遇。其诗近江湖一派，有《自鸣集》。

地方志记载：据《滇南本草》《云南通志》等文献记载，云南地区自古以来就有种植草果的传统，尤其在文山、红河等山区，草果作为重要的经济作物和药材被推广种植。这些地区气候湿润、土壤肥沃，适宜草果生长，且当地少数民族如壮族、瑶族、苗族等在长期实践中积累了丰富的草果种植经验。广西壮族自治区的百色、河池、崇左等地也有悠久的草果种植历史。据《广西通志》等文献记载，草果在当地被广泛用于烹饪和用作中药材，是地方特色产品和重要的经济来源。

怒江州的草果种植时间可以追溯到20世纪70年代[20]，由基层供销社从保山腾冲引进草果种苗，先后在泸水上江、贡山普拉底进行试种（图1-13）。1990年，上江镇丙奉村、匹河怒族乡架究村、普拉底乡禾波村等乡（镇）开始大面积引种，并取得较好的经济效益。经过多年的示范推广，草果产业已成为怒江脱贫攻坚的重要支撑产业。截至2023年年底，全州草果种植面积达111.45万亩，挂果面积52万亩，鲜果年产量约4.75万t（挂果面积和产量呈逐年上升趋势），年产值突破15亿元，产量及种植面积均占全国的55.7%，是我国草果核心产区和云南最大种植区，种植区域涉及21个乡（镇）116个村，直接带动泸水、福贡、贡山3个县（市）的傈僳族、怒族、独龙族、普米族等22个民族4.31万户16.5万人增收，其中建档立卡贫困户2.68万户8.24万人，成为全州带动力最强、辐射面最广、贡献率最大的扶贫支柱产业。

图1-13　20世纪70年代怒江州引进种植的第一片草果林

注：左图拍摄于1985年10月下旬，右图拍摄于2023年11月。为泸水市上江镇蛮英村九奶山大凹子农民普买富的草果栽培基地。

草果产业的发展历程，见证了草果从原始采集、初步开发，到规模化种植、深度加工，直至融入全球贸易网络的华丽蜕变。主要分为以下4个阶段。

（一）传统利用与初步开发

草果的开发利用历史悠久，早在古代，生活在云南、广西等地的少数民族就发现草果具有独特的香气，并将其广泛应用于日常饮食与传统医药中。草果在民间被称为“五香”之一，在烹饪中可起到去腥增香、增进食欲的作用；在医药领域，则被用于调理脾胃、驱寒解毒。早期草果主要依赖野生采集，产量有限，仅能满足当地居民的基本需求，尚未形成规模化的产业形态。

（二）规模化种植与产业化起步

进入20世纪中叶，随着科学技术的进步与市场需求的扩大，草果产业开始由野生采集转变为人工种植。政府与科研机构开始重视草果的种植技术研究，推广良种选育、合理密植、科学施肥等先进种植技术，使草果种植面积逐渐扩大，产量稳步提升。与此同时，草果产业链初步形成，从种植、采收、加工到销售的各个环节逐步完善，草果干果、草果粉、草果精油等产品相继面世，草果的应用领域也从餐饮业扩展到食品加工业、制药业等，有了更广阔的市场。

（三）快速扩张与产业升级

进入21世纪，中国草果产业迎来了高速发展的黄金期。一方面，随着人民生活水平的提高，对健康饮食和天然药物的需求日益增加，草果的市场需求量大幅增长，推动了种植面积的进一步扩大和产量的显著提升。另一方面，科技支撑与标准化工作取得重大进展。科研机构加大了对草果品种选育、高效栽培、病虫害防控等关键技术的研究力度，推广科学种植技术，提高了草果的产量和品质。同时，行业标准、地方标准和规范逐步建立，如地理标志产品保护、有机产品认证等，有力推动了草果产业的标准化、规范化发展。

（四）品牌塑造与市场拓展

在这个阶段，草果产业开始注重品牌塑造与市场拓展。各地政府与企业通过举办“草果文化节”、申请地理标志产品保护、开展电商营销等方式，提升草果的知名度和市场影响力。同时，积极开拓国内外市场，使草果及其制品不仅在国内市场热销，还远销东南亚地区、中东地区等，形成了稳定的国际贸易关系。

综上所述，草果产业已经形成一条完整的产业链（图1-14）。草果产业的发展不仅是自身适应市场需求、科技进步的结果，更映射出社会经济变迁的深刻烙印，充分展示了其在中华大地上深厚的文化底蕴和经济社会价值。

图1-14 怒江草果产业

四、草果产业发展趋势与策略

（一）产业发展趋势

1.深度开发与多元化应用

随着消费者对健康、天然产品的需求提升，草果被进一步深度开发，不再局限于传统的香料和药材角色，而是拓展应用到保健食品、功能性饮料、化妆品、日用品等领域。例如，开发含有草果提取物的口服保健品、添加草果精油的护肤产品等，以满足市场对个性化、高端化产品的需求（图1-15）。

图1-15 怒江州科研机构、企业研发的草果产品

2.绿色生产与可持续发展

随着环保理念日渐深入人心，草果产业将更加注重生态种植、有机认证、资源循环利用等绿色生产方式，减少化肥和农药的使用，保护生物多样性，实现经济效益与生态效益的双赢。此外，积极探索草果林下经济、草果与其他作物套种等模式，提高土地利用率，促进产业可持续发展[21]。

3.数字化与智能化

利用物联网、大数据、人工智能等先进技术，实现草果种植、病虫害监测、收获、加工、仓储、物流等环节的智能化管理，提高生产效率，降低运营成本，保障产品质量安全。同时，通过采用数字化营销手段，精准对接市场需求，提升产品销售量与品牌推广效果。

4.产业链整合与品牌打造

强化草果产业链上下游协同，推动种植、加工、销售、科研、服务等环节的深度融合。打造区域公用品牌、企业自主品牌，通过申请地理标志产品保护、构建质量追溯体系、开展线上线下营销活动等方式，提升草果的市场知名度和美誉度，增强产业竞争力。

（二）产业发展策略

1.绿色转型

（1）生态种植与资源循环利用。草果产业将更加注重生态种植，推广有机肥料、生物防控、节水灌溉等绿色生产技术，减少农药、化肥的使用，保护生物多样性（图1-16）。同时，探索草果副产物（如茎、叶）的资源化利用[22]，形成闭合的循环经济模式。

图1-16　怒江州草果病虫害绿色防控试验示范基地（A）和怒江草果标准化种植技术示范基地（B）

（2）可持续认证与生态补偿。鼓励草果种植户、加工企业申请有机认证、绿色食品认证等，提升产品附加值。通过生态补偿机制，对保护生态环境、提供优质生态产品的企业给予奖励。

（3）生态旅游与休闲农业。依托草果种植基地，开发草果采摘、加工、观光、体验等生态旅游项目，打造草果庄园、田园综合体等休闲农业新业态，实现一、二、三产业融合发展（图1-17）。

图1-17　泸水市百鸟谷草果庄园

2.科技创新

（1）科技创新与成果转化。加大科研投入，开展草果种质改良、病虫害防控、高效栽培、绿色加工等关键技术研究，推动科技成果转化为生产力。搭建草果产业科技创新平台，加强产学研合作，促进创新链、产业链、资金链、政策链的深度融合。

（2）产业融合与新业态培育。探索草果与林下经济、休闲农业、生态旅游等产业的深度融合，构建“草果+”产业体系，实现一、二、三产业联动发展，拓宽乡村产业增值空间。

3.品牌引领

（1）区域公用品牌与企业自主品牌。打造区域公用品牌，如“怒江草果”“独龙江草果”“福贡草果”等，提升产区知名度（图1-18）。鼓励企业创建自主品牌，如“峡谷优果”“秘境怒江”等，通过商标注册、质量认证、讲述品牌故事等手段，塑造品牌形象，提高市场竞争力。

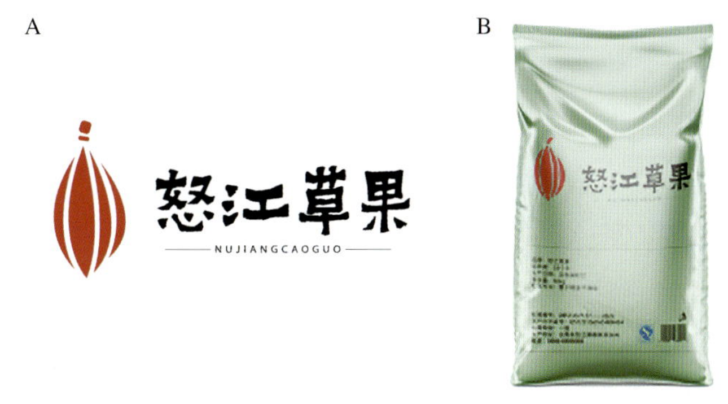

图1-18 怒江草果区域公用品牌商标（A）和怒江草果包装袋（B）

（2）品牌营销与市场拓展。通过线上线下营销、参加农产品博览会、设立品牌形象店等方式，拓宽销售渠道，提高产品知名度。瞄准餐饮、食品加工、医药、个人护理等行业，精准对接市场需求。

（3）产业联盟与品牌保护。成立草果产业联盟、草果协会，凝聚产业力量，共同维护品牌权益，增加怒江草果品牌效益；加强市场监管和产品质量监督检查，打击假冒伪劣产品。通过注册商标、登记版权、申请专利等手段，保护品牌知识产权。

4.未来展望

（1）科技创新驱动。加大对草果新品种培育、高效栽培技术、病虫害绿色防控、精深加工技术等领域的研发投入，引导和支持企业、高校、科研院所等创新主体开展联合攻关，提升产业整体技术水平。

（2）政策引导与扶持。政府部门应出台相应的扶持政策，如提供环保加工补贴、设备补贴、低息贷款、税收优惠等，鼓励草果加工企业采用环保绿色加工技术提升品质。金融机构将推出更多针对草果产业的金融产品和服务，降低融资成本，支持产业发展。同时，建立健全草果产业标准体系，强化市场监管，保障草果产业健康发展[23]。

（3）人才培养与技术服务。加强高校、科研机构与企业的合作，推动草果产业科技创新。培养一批懂技术、懂市场、懂管理的草果产业人才，为产业发展提供智力支持。加强草果种植、加工、营销等专业人才队伍建设，通过培训、提供技术指导等方式提升从业者的技能水平。建立完善的农业科技服务体系，提供专业的技术咨询、田间管理等服务，帮助种植户、加工企业解决实际问题。

（4）市场开拓与国际合作。积极参加国内外农产品交易会、博览会等活动，拓宽草果及其制品的销售渠道。加强与国内外草果主产区及消费市场的交流与合作，推动建立稳定的贸易关系，共同应对市场风险，共享产业发展成果。借鉴其他相似品类的先进技术和管理经验。通过官方宣传、自媒体、电商等渠道，拓展草果消费市场，提高草果产品的市场影响力。

综上，草果产业将以深度开发、绿色生产、数字化、产业链整合为发展方向，通过科技创新驱动、政策引导、人才培养、市场开拓等策略，推动产业持续健康发展，为经济社会发展、生态文明建设、乡村振兴战略实施作出更大贡献。

五、草果产业与脱贫攻坚和乡村振兴

（一）草果产业与脱贫攻坚

草果产业具有独特的经济优势、生态适应性和市场潜力，在脱贫攻坚中，发展草果产业成了中国多地特别是贫困地区推动贫困群众脱贫致富的有效途径[24]。

1.草果产业与精准扶贫

（1）产业选择与区域优势。草果适宜在热带、亚热带湿润气候条件下生长，我国西南地区（如云南、广西、贵州等地）的自然环境与草果生长所需的条件高度吻合。这些地区曾是我国脱贫攻坚的重点区域，因此，因地制宜发展草果产业，符合精准扶贫“因村施策、因户施策”的原则。

（2）扶贫资金投入与产业扶持。政府通过拨付扶贫专项资金、涉农项目资金等，加大对草果种植、加工、流通等环节的支持力度，如提供种苗补贴、开展技术培训、建设基础设施等，降低贫困群众参与产业发展的门槛。

（3）创新扶贫模式。推广“公司+合作社+农户”“订单农业”等模式，引导龙头企业、专业合作社与贫困农户建立利益联结机制，保障贫困群众获得稳定的产业收益。

2.草果产业对脱贫的直接影响

（1）收入增长。贫困群众通过种植草果、参与加工和销售等环节，获取劳动报酬和分红收入，直接改善家庭经济状况[25]。据调查，种植草果的农户年均增收可达数千元至万元。云南怒江州自20世纪70年代引进种植草果以来，种植面积不断扩大，截至2023年年底，草果种植面积达111.45万亩。草果产业直接带动怒江州沿边3个县（市）21个乡（镇）116个村4.31万户农户增收脱贫，一产覆盖人口16.5万人，成为助推乡村振兴的支柱产业。

（2）就业机会。草果产业链条长，从种植、加工到销售，可以提供大量的就业岗位，尤其适合农村留守妇女、老年人等劳动力就业，实现家门口就业，缓解因外出务工导致的家庭分离问题（图1-19）。

（3）生态效益。草果种植有利于水土保持、植被恢复、改善生态环境，实现“青山绿水”与“金山银山”的有机统一，为贫困地区构建可持续的生态经济体系。

图1-19　草果采摘和交易

3.草果产业对脱贫的间接影响

（1）乡村建设与公共服务提升。草果产业带来的经济效益，为改善乡村基础设施、提升公共服务水平提供了资金支持，如硬化道路、修建水利设施、改善居住环境等，提高了贫困群众的生活质量（图1-20）。

图1-20　草果生产便道

（2）文化传承与乡村旅游。草果种植地往往与少数民族聚居区重叠，草果产业的繁荣可留住年轻劳动人口在当地就业，保护和传承了少数民族文化，吸引了游客，带动了乡村旅游，进一步拓宽了贫困群众的增收渠道。

草果产业与脱贫紧密相连，通过产业扶贫的路径，既实现了贫困群众增收脱贫，又推动了乡村经济、社会、生态的全面发展，为乡村振兴奠定了坚实基础。

（二）草果产业与乡村振兴

1.草果产业与产业兴旺

（1）产业结构优化。草果产业的发展，推动了乡村农业产业结构调整，从单一的粮食种植转向多元化的特色经济作物种植，提高了农业综合效益，为乡村产业兴旺注入绿色动力（图1-21）。

图1-21　草果与乡村振兴

（2）产业链延伸与附加值提升。通过草果精深加工、产品研发、品牌打造等，延伸产业链条，提升产品附加值，形成“种植—加工—销售—服务”一体化的草果产业链，推动乡村产业延伸产业链、提升价值链。

2.草果产业与生态宜居

（1）生态保护与修复。草果种植有利于水土保持、植被恢复，改善生态环境，为乡村构建绿色生态屏障。

（2）农村人居环境整治。草果产业带来的经济效益，为改善乡村基础设施、提升公共服务水平提供了资金支持，提高了乡村生态宜居水平。

（3）乡村绿化美化。草果庄园、草果基地等项目的建设，可美化乡村景观，提升乡村形象，为乡村增添绿色元素，营造生态宜居的乡村环境（图1-22）。

图1-22　怒江州福贡县亚坪村

3.草果产业与乡风文明

（1）文化传承与创新。草果种植地往往与少数民族聚居区重叠，在发展草果产业的同时，也保护和传承了少数民族文化，丰富了乡村文化内涵，增强了乡村文化自信。

（2）乡村文化活动。通过举办“草果文化节”、草果集市等活动，弘扬乡村优秀传统文化，激发乡村文化活力，提升乡村文化软实力。

（3）乡村文明风尚。草果产业的发展带动了乡村产业人才、返乡创业青年等群体的成长，形成勤劳致富、诚实守信、团结协作的良好风尚，促进乡村乡风文明建设。

4.草果产业发展与治理成效

（1）乡村组织建设。草果产业的发展催生了农民专业合作社、家庭农场、农业企业等新型农业经营主体，提升了乡村组织化程度，为乡村治理提供了有力支撑。

（2）乡村社会治理。通过“公司+合作社+农户”“订单农业”等模式，引导龙头企业、专业合作社与农户建立利益联结机制，实现乡村产业共治、利益共享，提升乡村社会治理效能。

（3）乡村法治建设。草果产业的发展推动了乡村法律服务体系建设，提高了乡村依法治理水平，为乡村治理提供了法治保障。

5.草果产业与生活富裕

（1）促进农民增收。贫困群众通过种植草果、参与加工和销售等环节，获取劳动报酬和分红收入，提高家庭收入，实现生活富裕（图1-23）。

图1-23　草果产业与生活富裕

（2）提升乡村公共服务水平。草果产业带来的经济效益，为改善乡村基础设施、提升公共服务水平提供了资金支持，提高了乡村生活质量。

（3）乡村社会保障。草果产业的发展为乡村提供了更多的就业岗位，提高了乡村社会保障水平。

6.未来展望：巩固拓展脱贫攻坚成果与乡村振兴

（1）持续加大政策支持。继续实施草果产业扶持政策，完善产业服务体系，加强产业基础设施建设，推动产业迈向高质量发展，实现产业规模、效益的提升，确保贫困群众在脱贫后仍能享受到产业发展的红利。

（2）强化品牌建设与市场开拓。打造区域公用品牌、企业自主品牌，提升草果产品的市场知名度和竞争力。通过线上线下营销、参加农产品博览会等方式，拓宽销售渠道，丰富产品门类，延长产业链条，提高产品附加值。

（3）推动产业融合与绿色发展。积极探索草果与林下经济、休闲农业、文化旅游等产业的融合发展，实现一、二、三产业深度融合。同时，推广绿色种植、申请有机认证等，保障草果产业的可持续发展。

综上所述，草果产业与乡村振兴紧密结合，从产业兴旺、生态宜居、乡风文明、治理有效、生活富裕5个方面助力乡村全面振兴。未来，草果产业将继续发挥其在乡村振兴战略实施中的重要作用。

六、怒江草果产业与高黎贡山

高黎贡山位于中国云南省西北部，横跨保山市、德宏州与怒江州，是中国生物多样性最丰富、自然景观最壮丽的山脉之一，同时也是怒江州极具特色的自然与文化名片。怒江草果产业与高黎贡山有着紧密的联系，在怒江州境内，高黎贡山不仅是重要的生态屏障，更是草果产业发展的核心地带。

（一）高黎贡山与草果生长环境

1.生态优势

高黎贡山为典型的热带、亚热带山地气候，雨量充沛，四季分明，生态环境优良，非常适宜草果生长。山地土壤多为富含有机质的沙壤土或黄棕壤，排水性能好，有利于草果根系发育和营养吸收。

2.生物多样性

高黎贡山被誉为“世界物种基因库”，生物多样性极其丰富[26]，为草果提供了良好的生态共生环境。这种多样化的生态系统有助于减少病虫害的发生，增强草果的抗逆性，保证其品质优良（图1-24）。

图1-24　草果与高黎贡山

（二）草果产业在高黎贡山的发展

1.种植规模与经济效益

怒江州充分利用高黎贡山的自然条件，大力发展草果产业。相关资料显示，怒江州已成为全国最大的草果种植区之一，种植面积超过110万亩，年产干果1万t左右，面积和产量均占全国总量的1/2以上，且怒江草果70%以上的种植面积位于高黎贡山。草果产业已经成为当地农民脱贫致富的重要途径，对带动山区经济发展、助力脱贫攻坚起到了重要作用。

2.产业扶贫与生态保护

怒江州在发展草果产业的同时，坚持遵循“绿水青山就是金山银山”的理念，将草果种植与生态保护紧密结合。通过科学规划、合理布局，避免过度开发对生态环境造成破坏。草果种植还可与退耕还林、森林抚育等生态工程相结合，实现生态修复与提高经济效益的双重目标。

3.品牌打造与旅游融合

依托高黎贡山和怒江的自然资源和文化资源，怒江州积极打造“怒江草果”“独龙江草果”区域公用品牌，提升草果产品的市场知名度和附加值。同时，结合生态旅游、乡村旅游的发展，推出“草果文化周”“峡谷文化周”和草果庄园、草果集市等活动，将草果产业与旅游业深度融合，打造特色文化旅游产品，进一步拓宽草果产业链条，增加产业附加值（图1-25、图1-26）。

图1-25　怒江州“草果文化周”

图1-26　怒江草果论坛

（三）草果产业与高黎贡山的未来展望

面对未来，怒江州将继续依托高黎贡山的生态优势，以草果产业为载体，推动产业转型升级，实现绿色发展。

生态旅游融合：进一步挖掘高黎贡山与草果的文化内涵，打造草果主题公园、草果科普教育基地等旅游项目，推动草果产业与生态旅游、休闲农业等业态深度融合，实现农文旅融合发展。

品牌宣传与市场拓展：宣传高黎贡山的生物多样性和优良生态环境，持续加大“怒江草果”品牌的宣传推广力度，加强区域品牌建设，积极参与国内外农产品展销会，拓宽销售渠道，提升怒江草果的市场占有率。

高黎贡山独特的自然条件为怒江州草果产业提供了优越的生长环境，而草果产业的发展也促进了高黎贡山的生态保护、经济发展和文化传承。未来，怒江州将继续依托高黎贡山，以科技创新、产业链延伸、生态旅游融合、品牌建设等策略推动草果产业持续健康发展。

七、怒江草果产业的发展优势

（一）政策优势

怒江州深入践行习近平生态文明思想，尤其是在“绿水青山就是金山银山”理念的引领下，充分利用独特的地理区位优势与得天独厚的自然资源禀赋，大力推动草果产业发展，不仅成功将其塑造为脱贫攻坚的支柱产业，更为实现巩固拓展脱贫攻坚成果同乡村振兴有效衔接注入强大动能。

怒江州的草果种植虽起步相对较晚，但凭借天时地利人和的有利条件，短短数十年间便取得了显著成效。这背后离不开州委、州政府审时度势的战略决策，以及系统周密的政策支持，所出台的一系列具有前瞻性、指导性和针对性的政策文件，为草果产业的繁荣发展提供了坚实保障。

怒江州“四个百万”工程作为宏观战略框架，旨在通过培育百万亩草果、百万亩核桃、百万亩漆树、百万亩中药材四大特色产业，构建起符合怒江州实际、彰显地方特色的现代生态农业体系。草果产业作为其中的关键一环，被赋予了引领山区农户脱贫致富的重要使命。

《中共怒江州委、怒江州人民政府关于加快草果产业发展的意见》（怒发〔2014〕7号）的发布，标志着草果产业正式上升至全州经济社会发展的战略层面。该文件明确了草果产业的发展目标、主要任务、扶持政策以及保障措施，为全州上下统一思想、凝聚共识、合力推进草果产业快速发展奠定了政策基石。

《怒江傈僳族自治州特色生态农业发展规划（2012—2016）》与《怒江州扶贫攻坚总体方案（2013—2017年）》的出台，将草果产业与生态建设、产业扶贫紧密结合起来，强调通过科学规划、合理布局、技术推广、市场开拓等手段，实现草果产业的规模化、标准化、品牌化发展，使之成为带动贫困山区群众稳定增收、改善生计、摆脱贫困的重要途径。

《怒江州草果产业规划（2015—2020年）》进一步细化了草果产业的发展路径与实施步骤，提出了在保持生态平衡的前提下，扩大种植面积、提高单产、提升品质、完善产业链条的具体举措，旨在将怒江州打造为全国乃至全球的重要草果产业基地。

《怒江州绿色香料产业建设方案（2018—2022年）》则着眼于草果产业的长远发展与转型升级，提出通过科技创新、精深加工、市场体系建设、品牌打造等手段，提升草果产品的附加值，拓宽销售渠道，推动草果产业由单一的原料供应向全产业链、高附加值的现代绿色香料产业转变。

这些政策文件的出台与落实，构建了全方位、多层次、立体化的政策支撑体系，为怒江州草果产业的快速崛起提供了有力的政策引导与制度保障。不仅明确了产业发展方向，提供了政策优惠与资金支持，还促进了科技研发、人才培养、市场对接等关键环节的协同推进，有力推动了草果产业由小到大、由弱变强，使其成为带动地区经济发展、助力乡村振兴、守护绿水青山的成功典范。

（二）气候优势

草果是一种对生长环境湿度要求极为苛刻的经济作物，理想的生长环境需保持相对湿度在70%～85%。在关键的开花期（4—5月），相对湿度需维持在75%以上，而在生长旺盛期（6—9月），湿度需进一步提高至85%左右，这是草果实现高产的首要条件。怒江州独特的气候条件恰好满足了草果生长的这一苛刻需求。

怒江州位于高山峡谷之中，属于亚热带山地气候，受印度洋西南季风的直接影响，形成了罕见的“一山分四季，十里不同天”的立体垂直气候格局。怒江州还拥有独特的“双雨季”气候优势，年均降水量高达1 400～1 700mm，极端年份甚至可达到1 900～2 300mm，是大理、迪庆、丽江等地区的2～3倍，堪称云南乃至全国的气候奇观。充沛的降水量保证了草果生长所需的湿度，这对草果实现高产至关重要。湿润的气候条件还减少了病虫害的发生，降低了农药的使用需求，有利于草果的自然生长和有机品质的提升。此外，怒江州气候温暖、湿润，年均气温在15～20℃，昼夜温差适中，有利于草果生长发育。

怒江州凭借独特的气候优势，为草果产业的发展提供了无法复制的自然地理条件，成为草果生长的理想之地（图1-27）。

图1-27　怒江州为草果生长的理想之地

（三）生态优势

怒江草果产业的生态优势，源自怒江州得天独厚的自然环境与生物多样性资源。位于“三江并流”世界自然遗产及高黎贡山国家级自然保护区核心地带的怒江州，是全球生物多样性最丰富、生态环境状况最优的地区之一，森林覆盖率高达78.9%，在云南省内名列前茅。这片生机盎然的土地孕育了丰富的水能资源，怒江、澜沧江、独龙江三大干流及183条一级支流汇聚于此，水资源总量高达956亿m^3，占云南省水能资源蕴藏量的1/5，为草果产业提供了充沛的水源保障（图1-28）。

图1-28　独龙江沿岸植被

怒江草果主产区泸水市、福贡县、贡山独龙族怒族自治县（以下简称贡山县）的土壤条件堪称理想。海拔1 200 ~ 2 500m的半山区，主要为黄红壤、黄棕壤、棕壤、暗棕壤等微酸性土壤，这些土壤富含有机质，pH适中，特别适合草果生长。森林下的腐殖质土层深厚，土壤有机质含量高达40.3g/kg，远超全国平均水平。全氮、碱解氮、有效磷、速效钾等的含量也显著高于全国平均水平，为草果提供了丰富的营养元素。在这样的土壤环境中，怒江草果得以在自然状态下茁壮成长，无须施用化肥和农药，病虫害发生率低，产品产量与品质普遍优秀，为发展有机食品产业提供了得天独厚的条件。

怒江州凭借丰富的生物多样性、优质的水资源、理想的土壤条件、独特的“双雨季”气候以及优越的生态环境，为草果产业的发展提供了无可比拟的自然优势。这里不仅是草果生长的最佳场所，更是中国乃至全球最优质的草果生产基地。

（四）市场优势

草果作为一种极具价值的经济作物，其市场需求正随着全球发展中国家肉类消费量的稳步增长而持续攀升。在这样的背景下，草果不仅为越来越多的消费者所熟知，更在食品行业及医药领域中扮演着愈发重要的角色。然而，滇东南地区作为我国传统的草果产区，却面临着诸多挑战。自然灾害、病虫害频发，种植结构的调整以及生态保护的压力，导致云南传统的草果生产区草果种植面积逐年递减，对我国草果产业的整体供给构成威胁。

在此背景下，滇西北地区的怒江州凭借独特的区位优势、产量优势以及卓越的草果品质，逐渐崭露头角，成为我国草果产业的新星。怒江州地处我国西南边陲，气候温和、湿润，土壤肥沃，雨量充沛，非常适合草果生长。其良好的生态环境、适宜的温度和降水量为草果提供了理想的生长环境，使怒江草果在品质上具有明显优势，香气浓郁，深受消费者喜爱。此外，怒江州草果种植、加工技术成熟，再加上政府对草果产业的大力支持，使得怒江草果产量稳定、品质优良，具有较高的市场竞争力。

近年来，全国各大中药材批发市场销售数据显示，怒江草果的市场价格普遍高于同类产品，显示出其在国内外市场上的强大竞争力。这一方面源于怒江草果的高品质，另一方面也得益于其稳定的产量和良好的口碑。在国内外消费者日益关注食品安全、追求绿色健康的背景下，怒江草果凭借无污染、无公害的生产方式，得到广大消费者的青睐，市场前景十分广阔。

（五）规模优势

中国在全球草果产业中扮演着无可争议的主导角色，以产量占比超过全球总产量八成的显著优势傲视群雄。其中，云南省作为我国草果产业的核心腹地，产量更是占据了全国九成以上，其在草果种植及产出方面的卓越表现，为我国确立全球草果市场的领先地位奠定了坚实基础。

值得一提的是，云南怒江州作为我国草果种植面积最大的地级行政区，其草果产业的发展规模及产能堪称全国之冠。截至2023年年底，怒江州的草果种植面积达到111.45万亩，干果年产量稳定在1万t左右，草果种植面积、产量均占了全国的半壁江山。统计数据显示，怒江州草果产业的规模优势明显，在推动我国草果产业发展及保障全球草果供应方面发挥着至关重要的作用。

云南怒江州凭借草果种植面积与产量优势，以及优越的自然条件与人为努力，不仅在国内草果产业中占据了绝对的规模优势，更在全球草果市场上确立了无可替代的地位。未来，随着怒江州继续深化草果产业改革，提升种植技术水平，优化产业链布局，其在全球草果产业中的领导地位有望得到进一步巩固与提升。

（六）品质优势

怒江州作为中国最大的草果主产区，其草果干燥工艺已迈入国内乃至全球领先行列。自2022年中共怒江州委办公室、怒江州人民政府办公室发布《怒江州草果产业提质增效三年行动计划（2022—2024年）》以来，怒江州在草果烘烤加工技术改造方面取得了显著进展。怒江绿色香料产业研究院聚焦草果干燥工艺与技术的深入研究，积极推广各类先进的烘烤设备，如空气热泵干燥设备与生物质热风干燥设备等，逐步替代传统的烟熏火烤方式。这一系列举措不仅显著提升了草果干果的质量，确保其香味纯正，更推动了怒江州草果加工能力的大幅跃升（图1-29）。截至2024年年初，怒江州已具备年加工1.6万t（鲜果）无烟草果的能力，稳居全国首位。政府与企业持续加大投资力度，积极引进更多先进的加工设备，进一步强化怒江州在草果初加工领域的领先地位，其技术革新与产业实践正引领全球草果产业迈向更高水平（图1-30）。

图1-29　怒江草果

图1-30　贡山县独龙江乡草果加工厂

同时，相关研究表明，怒江草果不仅在加工工艺上占据显著优势，更以其独特的香韵赢得了业界瞩目。草果作为热带、亚热带植物，其在怒江州的生长环境可谓得天独厚。怒江州地处中国草果种植区的最北部边界，得益于独特的地理环境和立体气候条件，草果在此可以在更高的纬度和海拔环境下生长。与南方草果产区相比，这里的气温相对较低，这样的气候特点使怒江草果的生长周期比其他地区延长约2个月，为芳香物质的充分积累创造了有利条件，最终造就了怒江草果更为浓郁的香气。

怒江草果种子的挥发油成分含量与其他产区的存在显著差异，其独特的芳香味令人难以忘怀。中国热带农业科学院的专家通过对比研究发现，怒江草果中关键的有效物质——香叶醇和草果酮的含量比其他产区的更高。这些权威研究结果进一步证实了怒江草果在香韵和有效成分上的卓越表现，确立了其在草果产业中的独特地位。

（七）科技优势

怒江州委、州政府对草果产业寄予厚望，始终将其置于优先发展的战略地位，近年来采取了一系列扎实有效的政策举措，倾力打造以草果为核心的绿色香料产业集群。2016年成立怒江草果产业发展研究所，2019年成立怒江绿色香料产业研究院（简称研究院），标志着怒江州在草果产业产学研深度融合、创新驱动发展方面迈出了重要一步。

研究院积极肩负起搭建科研平台、深化校企合作的重任，着力构建与绿色香料产业发展需求相匹配的科技研发和技术服务体系，充分发挥科技在产业升级、产品创新中的引领与支撑作用。聚焦草果全产业链的关键环节，研究院深度参与并推动了从种植选种、田间管理、果实采收到干燥加工、产品开发的全过程科技创新，有力提升了草果产业的技术含量与核心竞争力（图1-31）。

图1-31　怒江绿色香料产业研究院

值得一提的是，近年来，怒江绿色香料产业研究院在标准制定领域取得了显著成果。2022年，研究院携手怒江州农业农村局、怒江州市场监督管理局共同起草并发布了《草果种植 种子种苗繁育》《草果种植栽培管理》《草果种植鲜果采收及干燥》3项地方标准，于同年10月10日正式实施，为全州乃至全国草果种植业提供了科学、规范的操作指南，对提升草果种植技术水平、保障产品质量、促进产业规范化发展起到了积极作用。

2023年，研究院的标准化工作再上新台阶。与中国热带农业科学院、云南省高原特色农业产业研究院等单位强强联手，成功起草并获批发布3项中华人民共和国农业行业标准——《草果》(NY/T 4266—2023)、《热带作物品种审定规范 第19部分：草果》(NY/T 2667.19—2022) 和《热带作物品种试验技术规程 第19部分：草果》(NY/T 2668.19—2022)，这3项行业标准的发布，标志着怒江草果产业在标准化建设中取得了里程碑式的突破，对提升我国草果产业的整体水平，增强国际市场竞争力具有深远影响。

此外，怒江绿色香料产业研究院在产品研发与成果转化方面同样硕果累累。研究院坚持市场需求导向，积极拓展草果系列产品，成功开发出草果美食宴、草果日化品、草果小食品、草果编制手工艺品等多元化的草果系列产品。截至2023年年底，研究院已携手州内企业共同完成涵盖调味品、食品、饮品、保健品、化妆品、文创编织手工艺品、饲料添加剂七大系列共计70余款创新产品的研发工作，其中，草果正气茶、草果啤酒、草果菌汤包、草果面膜等19款产品已上市销售，极大地丰富了市场供给，有力推动了怒江州绿色香料产业的可持续、高质量发展。

怒江州委、州政府的高度重视与科学部署，怒江绿色香料产业研究院的积极作为与不懈努力，共同绘就了怒江草果产业蓬勃发展的壮丽画卷。从政策引领到科技创新，从标准制定到产品开发，怒江草果产业正以强劲的发展势头，生动演绎着“绿水青山就是金山银山”的生态经济理念，为我国西部地区乃至全球山区绿色经济发展树立了崭新的标杆。

如今，怒江大峡谷不仅是闻名遐迩的自然奇观，更是名副其实的“草果长廊”和“香料之都”，生动诠释了“绿水青山就是金山银山”的深刻内涵，为我国西部地区乃至全球山区绿色经济发展提供了可借鉴的怒江模式。怒江草果凭借区位、产量和品质优势，在国内外市场上展现出强大的竞争力，成为我国草果产业的一颗璀璨明珠。随着草果市场需求的持续增长，怒江草果有望进一步扩大市场份额，为我国草果产业的发展注入新的活力（图1-32）。

图1-32　怒江草果

参考文献

[1] 中国科学院植物志委员会. 中国植物志：第16卷 第2分册[M]. 北京：科学出版社，1982.

[2] 中国科学院昆明植物研究所. 云南植物志：第8卷[M]. 北京：科学出版社，1997.

[3] 杨志清，胡一凡，依佩瑶，等. 云南草果种植区域调查及生态适宜性气候因素分析[J]. 中国农业资源与区划，2017, 38(12): 178-186.

[4] 段书德，俞龙泉. 中国草果的研究进展[J]. 安徽农业科学，2009(28): 4.

[5] 覃文流，蓝祖栽，李万成. 草果繁殖栽培技术[J]. 大众科技，2008(7): 131-132.

[6] 吴怡，张康宁，李文学. 草果提取物对幽门螺旋杆菌抑制作用及对胃溃疡防治作用的试验研究[J]. 现代医学与健康研究电子杂志，2018, 2(5): 14-15.

[7] 唐志凌，赵明明，陈靖潼，等. 草果提取物对大肠杆菌和沙门氏菌抑菌机理研究[J]. 中国调味品，2021, 46(2): 50-54.

[8] 彭美芳，陈文学，仇厚援. 草果抑菌活性物质的分离纯化[J]. 中国调味品，2015(4): 107-109.

[9] 代敏，彭成. 草果的化学成分及其药理作用研究进展[J]. 中药与临床，2011(4): 55-59.

[10] 韩林，汪开拓，王兆丹，等. 草果精油的化学组成、抗氧化及抑菌活性研究[J]. 食品工业科技，2013, 34(14): 4.

[11] 刘小玲，仇厚援，王强，等. 香辛料草果中化学成分的定性研究[J]. 中国调味品，2011, 36(1): 3.

[12] 杨小方. 草果挥发油提取工艺及药理作用的研究[D]. 合肥：安徽农业大学，2011.

[13] 郭淼，宋江峰，豆海港. 超声波辅助提取草果精油及其抗氧化活性研究[J]. 食品研究与开发，2017, 38(16): 4.

[14] 李世诚，丁靖凯，易元芬. 草果精油化学成分的研究[J]. 中草药，1977(2): 4.

[15] 李志君，万红焱，顾丽莉．草果多酚物质提取及LC-MS/MS分析[J]. 食品工业科技，2017, 38(8): 7.

[16] 杨志清，徐绍忠，张薇，等．云南草果茎叶挥发油含量及主要化学成分分析[J]. 中药材，2019, 42(2): 5.

[17] 彭福进．草果种植关键技术[J]. 生物技术世界，2015(5): 1.

[18] 李国栋，田星，赵小丽，等．基于SSR分子标记的草果栽培起源分析[J]. 热带亚热带植物学报，2021, 29(6): 660-668.

[19] 李朝志．文山草果常见病虫害防治措施[J]. 现代园艺，2020, 43(6): 2.

[20] 何应香．泸水市草果提质增效技术措施[J]. 乡村科技，2020(13): 2.

[21] 杨青．云南省草果产业发展现状及对策[J]. 现代农业科技，759(1): 245-247.

[22] 杨志清，徐绍忠，张薇，等．云南草果茎叶挥发油含量及主要化学成分分析[J]. 中药材，2019, 42(2): 5.

[23] 姜太玲，刘光华，沈绍斌，等．草果加工产业研究现状与展望[J]. 农产品加工，2016(10): 4.

[24] 杨玉祥．草果，元江县山区农家经济发展的捷径[J]. 吉林农业，2012(3): 2.

[25] 沈绍斌．云南：草果特色产业发挥扶贫大作用[J]. 中国农村科技，2020(7): 2.

[26] 沈立新．高黎贡山生物多样性保护与社区林业发展的研究[J]. 云南林业科技，2000(3): 65-69.

第二章 Chapter 2 草果的生物学特性及环境要求

草果，为姜科豆蔻属多年生常绿草本植物。植株高2.0 ～ 3.5m，根为须状不定根。植株基部着生根状茎，横走，粗壮有节；地上茎直立，丛生，含有丰富的机械组织，质地坚韧牢固。叶排成2列，叶片长椭圆形或狭长圆形，先端渐尖，基部渐狭，全缘，叶两面光滑无毛，叶鞘开放，包茎，叶舌长0.8 ～ 1.2cm。穗状花序，生长于生殖枝基部的根状茎上，外被红色至红棕色的革质鳞片，内面有数枚苞片，披针形或匙形，浅红色，革质，光亮，边缘膜质。每个花序有5 ～ 30朵小花，小花黄色，唇瓣中央两侧各有1条红色带。果实为蒴果，密集，长圆形或卵状椭圆形，顶端有宿存的花柱，熟时呈红色或暗红色，外表面具有不规则皱纹。蒴果内有多角形种子。花期4—5月，果期6—11月。

草果喜温暖而阴凉的山区气候环境。年均气温在18 ～ 20℃为宜，绝对低温在1℃以下时，会出现冻害现象；草果喜湿润，怕干旱，空气湿度以70% ～ 85%为宜，开花季节如雨量适中，则结果多，保果率高，若雨量过多，会造成烂花不结果，若开花季节遇上干旱，花多数干枯而不能坐果。草果是半阴生植物，不耐强烈日光直射，喜有树木庇荫的环境，一般郁闭度以60% ～ 70%为宜；土壤则以山谷疏林阴湿处，腐殖质丰富、质地疏松、pH为6.0 ～ 6.5的微酸性沃土为宜[1]。熟悉和掌握草果的生物学特征和生态习性，对指导草果种植科学管理意义重大。

在草果的整个生长周期中，开花结果时期对环境因子尤为敏感，需要适宜的温度及湿度，这与草果花的特殊结构及特性密不可分。草果是具有柱头卷曲机制的姜科植物，花分为上举型和下垂型，这是一种独特的鼓励杂交的花部机制。上举型、下垂型的花序结果率有显著的差异，尽管两型花的形态特征相似，但它们之间仍有一些性表达方面的分化，呈现上举型趋雌、下垂型趋雄的现象；相较于上举型花，下垂型花更容易受到环境因素变化的影响，使产量出现大年、小年的变化。通过观察和分析传粉者的访花行为、草果的花蜜分泌和最终的结果率，探索花蜜分泌模式与传粉行为的相互关系，以及对两型植株繁殖的影响。结果表明，草果两型植株的花蜜分泌在1d花期的16：40—19：00达到高峰；

上举型花能够提供的花蜜多于下垂型花，下垂型花的花蜜分泌受环境温度、光照和湿度的显著影响，其结果率也显著低于上举型花。

草果是典型的虫媒传粉植物，昆虫的活动对草果花传粉、结果率的影响较大。据调查，中华蜜蜂（*Apis cerean*）是草果林中出现频率较高的有效传粉者，在1d花期里访花频率呈现双峰模式，访花行为受到温度和湿度的显著影响，78%湿度、18℃温度较适宜访花。1d花期中温度、湿度的变化，以及花蜜的动态分泌模式，共同促进这一双峰访花模式的形成。草果花蜜分泌模式和双峰访花模式均与草果的柱头卷曲运动匹配，对吸引昆虫精确传粉、维持柱头卷曲机制有重要意义。环境因素对草果两型植株花蜜分泌的影响显著不同，导致传粉者不同的访花行为反应和繁殖结果。适当增加居群中的上举型花植株数量，可能是提高产量的一个有效方法。

一、草果的生物学特性

（一）根

植物根系对植物的生长至关重要，根系发达与否，决定了植物的生长能力及对抗恶劣环境的能力。草果是浅根系植物，根系多在土壤浅表层，根数较多，但通常长度较短，分布较为发达[2]。草果根系主要具有3个方面的作用：一是固着与支持作用，草果根系是将植株稳定固着在土壤中的重要因素，并支撑地上部分，降低外界影响；二是吸收作用，这是我们最为熟知，也是根系最为重要的功能之一，草果根系从土壤中吸收水分及养分，供给草果植株维持正常生长发育；三是输导作用，这是吸收作用的延续，整体根系参与其中，将根毛等吸收的养分通过维管组织输送到茎、叶、果，而与此同时，叶片的光合产物也通过维管组织输送到根系各部位，以维持根系生长。

草果的主要根群集中在草果直立茎的基部，纵向分布主要是在30cm深的土层内，横向扩展半径随着草果植株的分株而不断增大，吸收水分和营养的能力一般，对水肥条件的要求比较严格。

草果种子播种后，种子首先向上抽出地上部分的直立茎，接着从直立茎的基部发出数条纤细的初生根。在通常情况下，草果苗长出2 ~ 3片叶片时，其初生根的数量约为10条，最长的初生根接近10cm。而初生根表面还会发出数根纤维根。随着幼苗逐渐长大，纤维根的数量逐渐增加并成为草果的主要吸收根系。随着植株的生长，根系继续生长，并开始出现肉质根，接着再从肉质根上发出数条须根，草果幼苗的吸收能力也随着根系的发达而不断增强。

草果幼苗生长2 ~ 3年，就开始出现分株现象，每一次分化出新的叶芽，都会在叶芽的基部生长出新的根系。这些根系随着叶芽的生长而逐渐成长为新的直立茎，不断变得粗壮、繁多，主要分为肉质根及纤维根2种（图2-1）。

图2-1　草果（5年苗）根系

（二）茎

1.地下茎

草果地下茎为根状茎，横走，粗壮有节，纵向常分布在3 ~ 6cm的土壤表层。根状茎的形态为圆柱状，直径约为5cm（生长旺盛期），质地坚硬，含有大量纤维，不易折断，切开后断面呈浅黄色。草果的地下茎具有淡淡的辛香味，可提取芳香油，民间用作炖汤辅料，具有治疗胃寒痛、呕吐、消化不良、寒疝气痛等功效。

草果根状茎是草果的繁殖器官，其上着生芽点，可分株发育生长为新的植株或者花序。同时，草果地下茎还具有储藏功能。一方面，草果通过根系从土壤中吸收的水分和养分，除了供给植株正常生长发育，富余部分会暂时储存在根状茎中；另一方面，叶片光合作用合成的养分也会往下运输，一部分供给草果植株和根系生长，不断壮大根系，另一部分储存在根状茎中。草果地上部分制造的养分不足时，便会从根状茎调取养分来保持其正常的生长，或者在翌年萌芽时将这些营养从根状茎调取至地上部分，为叶芽、花芽的萌发提供足够的养分。此外，草果地下茎上着生大量纤维根及肉质根，这些根系深入土壤之中，共同发挥着支撑地上部分的作用。

草果种子萌发的新生草果苗无根状茎，直至草果苗生长到1年以上，开始出现分株时，叶芽从直立茎基部的根状茎处抽笋出现顶叶后，其基部逐渐向侧边伸长形成根状茎。新延伸出的根状茎上附着叶芽，叶芽进一步分化生长为新的植株，新的植株再次向侧边延伸出根状茎，以此不断循环，不断分株，最终形成草果丛（图2-2）。草果根状茎全年均可生长，从根状茎开始伸长到死亡，历时3 ~ 4年。初时，草果苗较为矮小，延伸出的根状茎也较为细小，直径约为1cm。随着植株的不断生长和分株，每次分株而成的草果直立茎都会更加粗壮、高大，延伸出的根状茎也会更加粗壮，直至进入草果生长旺盛期（约5年）达到稳定状态，此时根状茎的直径约为5cm，节长10 ~ 15cm。若遇到环境资源不足时，如郁闭度过大或土壤肥力不足，老株就会减少笋的分化数量并增加笋的根状茎节数和节间长度，以寻求新的生境和资源。

图2-2　草果（15年苗）根系及根状茎

2. 地上茎

（1）地上茎的基本特征。草果地上茎直立，丛生（图2-3）。根茎上的叶芽生出直立茎，深绿色，基部带紫红色，圆柱形，有节，一般有叶片12 ~ 16片。茎端由叶片和叶鞘包被，高度一般为2.0 ~ 3.5m，茎粗1.0 ~ 2.0cm[3]。地上茎的生长一般分为抽笋（直立茎）期和植株生长期。抽笋（直立茎）期：每年9—10月，在直立茎基部膨大处形成芽苞，11—12月开始分化形成叶芽，翌年3—5月抽笋，历时180 ~ 210d。植株生长期：从抽笋到出现顶叶，需150 ~ 180d，全年均可生长。

图2-3　草果植株地上部分（整丛）

（2）草果的分株习性。草果植株具有以老株分化来代替和发展自己的分株习性，这是对环境的一种适应方式（图2-4）。一般管理情况下，草果从育苗到定植，3年后以分株生长为主，每个母株根状茎上均可产生新的直立茎。第一次分株在母株根状茎基上进行，在第一次新生分株的茎基上又可延伸出根状茎，在新的根状茎上再产生新的直立茎，即为第二次分株。如此不断地生长繁殖下去，迅速形成草果丛。植株开花结果后，老植株逐年死亡，新植株不断产生，新老植株不断更替。

图2-4　草果分株习性（直立茎抽笋）

草果植株具有极高的内禀自然增长率，根状茎及球茎每一节的两侧都有分化产生营养芽或花序的能力。但在自然种群中，只有球茎和近球茎的根状茎的几个节上能够分化出营养芽和花序，一般每个老株可分化5 ~ 6个营养芽，其中1 ~ 3个长成笋；环境资源充足时可产生4 ~ 5个笋，这种情况只在未进入开花年龄的植株中出现。

环境资源不足时，如郁闭度过大或土壤肥力不足，老株就减少笋的分化数量，以保证新分株的植株具有充分的养分供给，为其提供良好的生境和条件。因此，草果的分株习性对调节种群密度、协调植株间的相互关系有着重要作用，使种群具有较强的自我调节密度能力，密度过大时，种群减少笋的分化数量，使密度下降，反之，密度过小时，笋的数量增多，使密度增大[1]。

草果种植3 ~ 5年，进入开花结果阶段，无性繁殖（分株繁殖）的速度逐渐慢下来，以保持草果群体的相对稳定性。种植15年后分株速度减慢，产量也逐年下降。如果这一阶段的管理和施肥措施跟不上，容易出现“散蔸”的衰老现象，导致产量下降。因此，应根据草果分株习性，做好生长时期的管理工作。每年收果后要及时进行抚育管理（如清除老株和杂草）和增施磷钾肥，以便恢复草果群体的长势，促进花芽的分化，为翌年分株和开花结果创造良好的营养条件，为草果丰产、稳产打下基础[4-5]。

（三）叶

叶是植物进行光合作用、制造养料、进行气体交换和水分蒸腾的重要器官。草果的叶片通常为狭长圆形或长椭圆状，一般长为40 ~ 100cm，宽约20cm，叶排成2列，交互而生，无柄或具短柄，顶端渐尖或钝圆，基部渐狭，全缘，边缘干膜质，叶两面光滑无毛，叶鞘开放，具条纹，抱茎，叶舌全缘，长0.8 ~ 1.2cm，叶舌及叶鞘边缘近革质。

草果叶片是进行光合作用的主要场所，健康、茂盛的叶片光合作用效率高，能有效合成大量营养，满足草果植株生长所需，包括花芽、叶芽、地下根系及根状茎的生长，草果分株、果实膨大等，提高草果产量（图2-5A）。反之，若草果叶片生长不良，则会对草果后续生长及产量产生极为负面的影响。此外，草果叶片可以在一定程度上反映植株的生长状况。比如叶片出现大量斑点，提示植株可能感染了病菌，或者存在光照强度过强、郁闭度不够等问题（图2-5B）；草果叶片变得细长，同时伴随茎秆疲软徒长、开花结果少，则提示郁闭度可能过高；草果叶片发黄，则提示可能出现生长元素缺失的问题。因此，在草果园的日常管理中，要注意观察叶片状况，找准原因，及时采取相应措施。除此之外，草果叶片具有一定的吸收养分的作用，在管理草果果园时，可将肥料或生长调节剂直接喷湿在叶面上，增加吸收面积，有效提高肥料利用率。例如，杨本初提出采用新型微肥和生长调节剂喷施草果叶片，可促进花芽发育，增强叶片光合作用，增产效果明显，增产率在25% ~ 40%[5]。

图2-5 正常生长的草果叶片（A）和受日灼伤害的草果叶片（B）

（四）花

草果花部的特征可分为2个层次，即花设计（Floral design）和花展示（Floral display）。花设计是指花的结构、颜色、气味和为访花者提供的报酬（花蜜和花粉等）等所有单花特征；花展示是指花在某一时刻开放的数量和在花序上的排列方式，可看作花在群体水平上表现出的特征。从花设计、花展示这2个层次，对草果两型花的形态特征、花序发育过程中小花数量的变化，以及影响小花开放的因素进行分析研究。结果显示，草果两型花的形态特征、花序发育过程中小花数量的变化以及小花每日开放的数量变化均对结果（繁育成功）产生影响。深入了解和研究草果花的结构和开花习性，可为在实际生产中提高草果花的授粉结果率提供理论支撑。

1.草果花的形态特征

草果花序从直立茎基部抽出，长13 ~ 28cm；总花梗被密集的鳞片，长4 ~ 13cm，鳞片长圆形或阔卵形，长1 ~ 8cm；穗状花序不分枝，长9 ~ 15cm，直径约5cm，每花序有花多达30 ~ 130朵；苞片披针形，淡红色，顶端渐尖，长3.3 ~ 4.0cm，宽7 ~ 9mm，外面疏被短柔毛；小苞片管状，长1.7 ~ 2.0cm，萼管约与小苞片等长，2浅裂，外被疏短柔毛；小花梗长不超过5mm；花萼长2.3 ~ 3.0cm，3齿裂，一侧浅裂，近无毛或疏被短柔毛；花冠3片，花冠管长2.5 ~ 2.8cm，花冠外有1枚披针状浅红色苞片和管状小苞片，被短柔毛，裂片长圆形，长约2.3cm，宽约6mm，后方1枚兜状，长约2.5cm，宽约1.5cm；唇瓣呈长圆状倒卵形，长2.0 ~ 3.5cm，宽约1.6cm，顶端微齿裂，中间肉质肥厚，边缘多皱，中脉两侧各有1条红色条纹；雄蕊长2.0 ~ 2.5cm，花丝长约1cm，花药长1.3 ~ 1.5cm，药隔附属体3裂，长约5mm，宽11mm，中间裂片四方形，两侧裂片稍狭；花柱被疏短毛，柱头漏斗状；子房下位，无毛（图2-6）[6]。

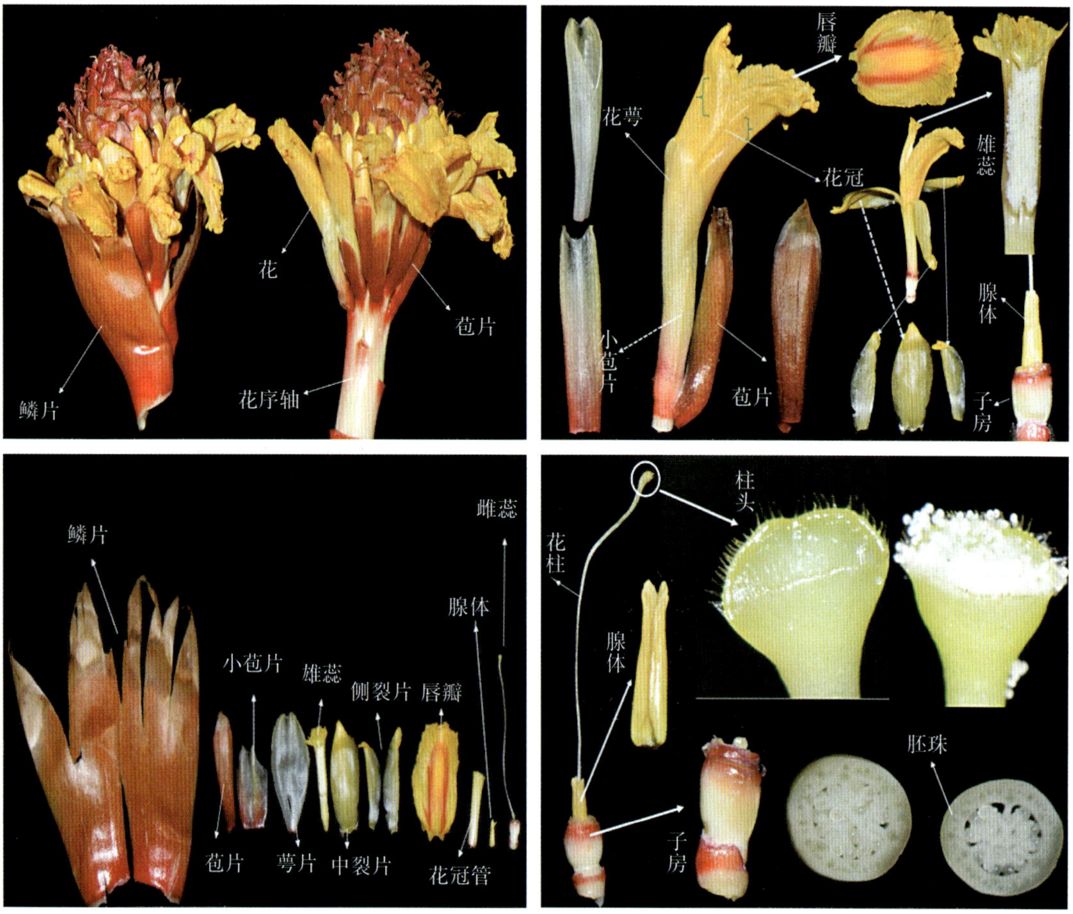

图2-6 草果花解剖

草果花颜色为浅黄色至浅橙色，受品种、地区等因素影响而存在差异（图2-7）。就怒江州而言，比较常见的花色主要有3种：花呈浅黄色，唇瓣为浅黄色，两侧有2条紫红色条带，浅红色苞片；花呈浅黄色，浅红色苞片，唇瓣为浅黄色，两侧条带与唇瓣颜色一致；花呈金黄色，苞片为淡粉色，唇瓣为金黄色，两侧有紫红色条带。

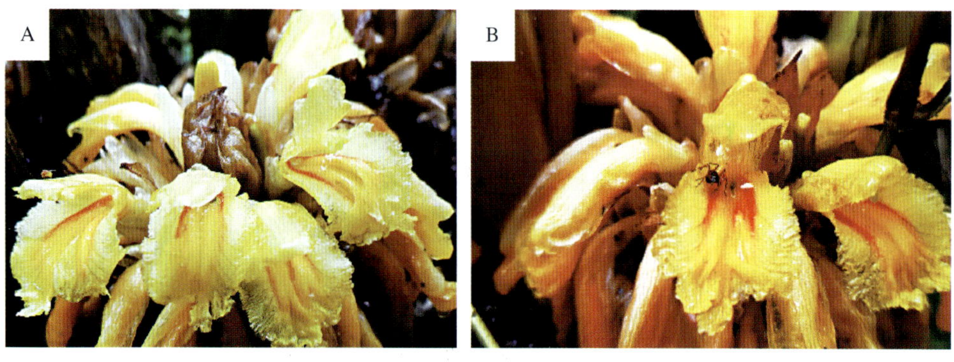

图2-7 浅黄色（A）和橙黄色（B）的草果花

2.草果的开花习性

草果种植3 ~ 5年开始开花结果，7年以后进入盛果期，如果管理抚育措施得当，可连续结果20年以上。头年块茎上的潜伏芽经过分化，孕育成为翌年的叶芽或花芽（即新茎和花穗），采果的植株当年的老茎便自然凋萎。如此循环可保持草果群体的相对稳定和延续生长。

草果花期可分为初花期、盛花期和末花期3个阶段（图2-8）。冬季为花芽的分化期，每年的11—12月，当年新抽笋、生长旺盛的草果的直立茎基部分化出花芽，花芽逐渐膨大发育为花穗。翌年3月初至6月下旬为开花期，其中3月下旬至4月中旬进入初花期，4月下旬至5月中旬为盛花期，5月中旬至6月下旬为末花期。崔晓龙等研究表明，草果花期与果园的位置、郁闭度、遗传因素有关，如在同一果园内，南坡花期比北坡早10 ~ 15d；郁闭度低的果园较郁闭度高的果园开花早；在相同环境条件下，各蓬间花期差别较大，有的可相差20 ~ 30d。同一蓬草果的开花期可持续约40d，同一花序的花自下而上逐渐开放，可持续20 ~ 25d，每天开3 ~ 5朵，每朵小花开放1d后便自然凋

图2-8 草果花期

A ~ B.初花期 C.盛花期 D.末花期

萎，每个花序有花50 ~ 80朵，整个花期的日开花数呈现2个突出的高峰和1个平缓的小峰，即开花后5 ~ 10d出现第1个高峰，15 ~ 30d出现第2个高峰，30 ~ 45d为平缓小峰，与此相对应的是初花期、盛花期和末花期。即草果花序每天开放的小花数量在初花期和盛花期形成2个突出的高峰，在末花期为1个平缓的小峰[7-8]。

草果的花序为穗状花序，每花序有小花多达30 ~ 130朵；作为无限花序，在开放过程中花序轴不断延长，小花数量不断增加，并按一定的速率依次开放，这对于吸引昆虫传粉、增加受精机会是有利的（图2-9）。所以，花序小花数量的变化以及小花每日开放的数量变化均对结果（繁育成功）产生影响。对于未开放的花序，最外1枚苞片越宽，花序小花数量越多；最外1枚鳞片越宽，花序小花数量越多；最外1枚苞片越长，花序小花数量越多。花序小花数量与花序长、宽没有显著的相关性。小花开放以后，花序轴越长，小花数量越多。草果花序自开放前到开放的发育过程中，花序轴延长，小花数量增加，小花数量与花序轴的关系发生变化，从没有显著相关性到有显著相关性。杨耀文等通过对草果花序发育和开花进行初步研究，观察到的结果表明：在盛花期，草果不同植株的花序日开放小花数量之间有显著差异，花序平均每天开放3 ~ 4朵小花，绝大部分花序每天开放1 ~ 6朵小花。花序每天开放的小花数量受花序发育情况的影响，花序

图2-9　草果花序及解剖

A.无限花序　B.盛花期每日开放花朵　C.花序解剖

越长，直径越大，每天开放的小花数量越多[9]。

同一果园内，随着各蓬草果逐渐进入花期，其日开花数呈正态分布，总花期可持续80～90d。处于盛花期的日开花数多，占总花数的50%以上，因此在盛花期的短时期内，不良环境条件会对结果造成极大的影响。草果开花蓬间和蓬内不同花序间的差异较大，蓬间差异主要是由遗传素质的不同造成的，而蓬内不同花序间的差异是由花序开花的先后顺序与植株营养供给能力造成的[8]。

在野外观察中发现高湿度导致花朵凋谢后容易腐烂，起不到继续吸引访花昆虫的作用。环境湿度对花序每天开放的小花数量有极显著的影响，开花当天的最大湿度越大，花序日开放小花数量越少。这一现象也可能说明草果对环境变化的适应。遗传基因和环境湿度等生态因素会影响花序上每天开放的小花数量，使小花以一定的速率依次开放，对于结果率的提高有积极的意义。开花当天的最大湿度是影响花序日开放小花数量的一个重要生态因子。

草果不同花序的小花数量呈现丰富的多态性，在花序发育过程中，小花数量显著增加，每个花序平均增加约23朵。花序的小花数量与果序第一枚果实到第一朵小花的距离有极显著的相关性，似乎提示小花数量多的花序在初开放时，小花不容易受精成功，花序第一朵受精成功的小花有后延的趋势[9]。

进一步研究发现，海拔越高，花序小花数量越少；经度越大，花序小花数量越多。环境温度和湿度影响花序小花数量，环境温度越低、气温日较差越大、相对湿度日变化越大，花序小花数量越少。花序小花数量与果序结果率呈显著的负相关性。可见，花序小花数量受环境因素的影响，海拔高度变化引起的气候变化对花序小花数量产生极显著影响。从提高结果率的角度考虑，筛选草果优良种源时，并不是花序小花数量越多越好。

3.草果植株和花的二型性

草果是具有柱头卷曲机制的姜科植物，在一个草果居群中，同时存在上举型和下垂型2类植株，它们的主要区别在于开花时柱头卷曲的方向不同，从而使2类植株的花在传粉过程中处于互惠的状态。与之相对应，草果花也具有2种表型，一种表型为花柱下垂型，上午刚开花时柱头位于花药之上，此时柱头不能授粉，仅散发花粉，等待授粉昆虫采集，下午柱头向下运动；另一种为花柱上举型，刚开花时柱头位于花药之下，此时柱头接受传粉者采集的下垂型花粉，下午柱头向上运动。花柱运动在一定程度上避免了自交与雌雄的干扰，促进异交。具体来讲，在1d花期的上午，上举型植株的花（上举型花）柱头下垂，处于接受花粉的状态，下垂型植株的花（下垂型花）柱头上举，以避开传粉昆虫，而后花药开裂；下午，下垂型花的柱头下垂而接受花粉，上举型花的柱头上举以避开传粉昆虫，花药开裂。因此，下垂型花为雄性先熟，上午为上举型花提供花粉；上举型花为雌性先熟，下午为下垂型花提供花粉（图2-10）。

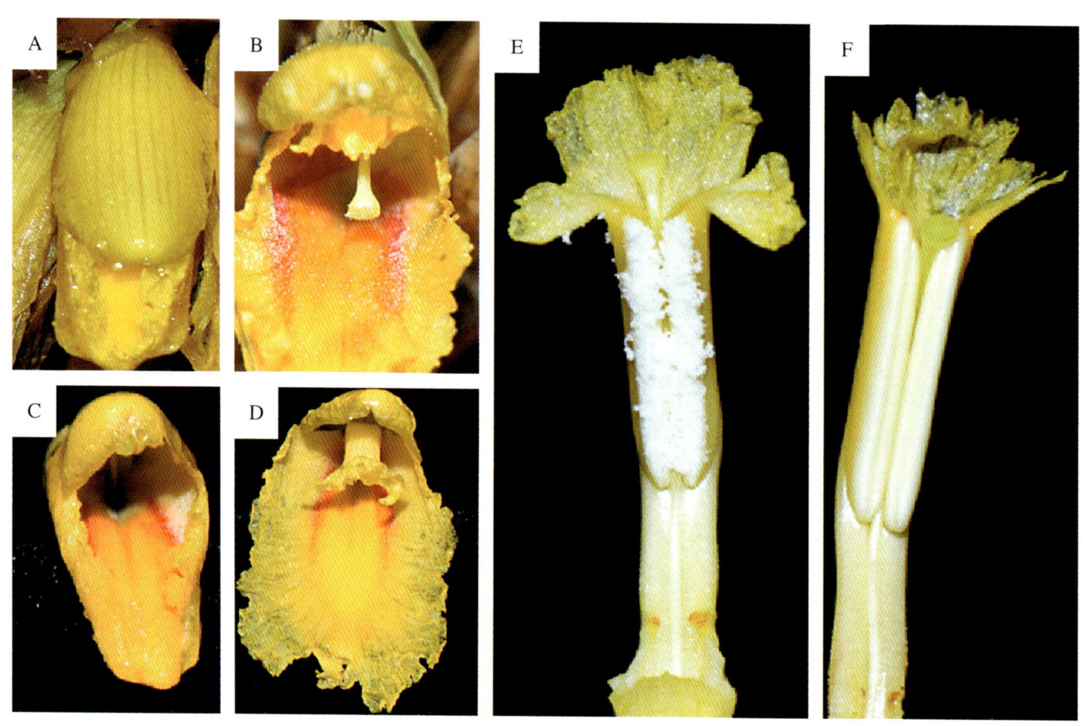

图2-10　草果花二型性

注：拍摄于上午；A、C、E为下垂型，B、D、F为上举型。

植物繁殖期间，通常需要提供报酬来吸引传粉者，而花蜜是一种重要的报酬，报酬越是丰厚的植物越能获得更多传粉者的访问。传粉者的访花频率影响植物的适合度，而花蜜分泌可能与传粉者、环境因素、植物资源的配置等因素有关系。植物均以特定的节律分泌花蜜，以更好地吸引传粉者；花蜜分泌模式可能暗示了某种动物和植物之间的关系。

研究表明，草果两型花的花蜜分泌速率在1d的花期里均有变化，在16：40—19：00达到高峰。上午，草果两型花处于互惠的传粉状态（下垂型花的柱头上举，花药开裂，释放花粉的同时，上举型花的柱头下垂，接受花粉，下垂型花为上举型花提供花粉），其花蜜的分泌速率较低，分泌量少，随着时间的推移而逐渐提高。同时，由于环境温度逐渐增高，使蜜蜂逐渐变得活跃，它们为了得到更多的花蜜而不断访花，这有利于下垂型花的花粉传播，同时也有利于上举型花的柱头接受花粉。下午（16：40—19：00），两型花的花蜜分泌速率均达到高峰，大多数上举型花的花药在柱头上举后开裂，大多数下垂型花的柱头下垂而进入受粉状态（上举型花为下垂型花提供花粉），蜜蜂的访花频率也随之达到高峰。中午（13：00—14：00），大多数下垂型花处于“无性”状态，即柱头还没有下垂而处于接受花粉的状态，花药基本是空的，在此期间，下垂型花的花蜜分泌速率下降，蜜蜂的访花频率也相应降低。当草果下垂型花进行性转化、处于“无性”状态时，传粉者的访问基本是无效的，此时花蜜分泌速率的降低，可能也反映了花蜜分泌模式对柱头卷曲运动的配合。较之雌性阶段，植物在花期将更多的资源投入雄性阶段，特别是花粉的成熟、供应。上举型花是雌性先熟，其早期的雌性阶段分泌的花蜜比后期的雄性阶段少，可能有利于花粉的成熟和呈现，这在一定程度上也反映了草果花蜜分泌模式和柱头卷曲运动的配合[10]。

植物必须通过调节花蜜分泌的速率以吸引更多的传粉者，因此，花蜜按一定的节律分泌。花蜜分泌不同于花的大小、颜色等其他特征，实际上是花的生理特征，反映出植物内部资源分配的某种策略。对于有花植物，花蜜的动态分泌是一种潜在的适应策略，对雌雄蕊异熟的植物特别重要。异型雌雄蕊异熟被认为源于同步的雌雄蕊异熟，朝着雌雄异株的方向进化。而柱头卷曲机制是一种特殊的异型雌雄蕊异熟，通过精确的传粉得以维持。因此，对于具有柱头卷曲机制的草果来说，其花蜜的动态分泌配合了柱头卷曲运动，这应该是长期自然选择的结果，对吸引昆虫精确传粉、维持柱头卷曲机制具有重要意义。

花蜜分泌不仅受到植物生理状态的影响，还受环境温度和湿度、土壤湿度和营养成分等因素的影响。研究表明，从花蜜分泌速率到蜜蜂访花，草果两型植株（花）之间存在显著差异。在相同的环境状态下，上举型花的花蜜分泌速率显著高于下垂型花；花蜜分泌速率在上举型植株之间有显著差异，在下垂型植株之间没有显著差异。环境温度、光照、湿度显著影响下垂型花的花蜜分泌速率，在低湿度（<64%）或者避光的条件下，其分泌速率将提高；当环境温度约为20℃时，其分泌速率达到一个高峰。由于下垂型花对环境温度、湿度、光照的变化更为敏感，与上举型花相比，下垂型花的花蜜分泌在1d花期里的不同时间之间有极显著的变化。基于这些分析可以得出结论，花蜜分泌作为花的一种生理特征，在草果两型花之间是不同的，尽管它们在形态上类似。

4.草果传粉生物学特性

从单朵小花的结构来看，当草果花朵开放，花药开裂散出花粉时，其花粉粒呈团状或块状，不易散开，同时，柱头（雌蕊）稍高于花囊（雄蕊）。雌、雄蕊又被中央呈兜状的萼片覆盖，和外界处于隔离状态，因而自花授粉困难。同时，由于草果花具有二型性，上举型花和下垂型花在传粉上有着微妙的关系：下垂型花在上午开放，花药也开放，且柱头向上，即“开、开、上”；而上举型花在上午花开放时，花药不开放，且柱头向下，即“开、未开、下”，因此，草果表现出高度的异花传粉特征，有极高的异交频率，保持高度杂合状态，两种花只能互为传粉。综合来讲，草果为典型的虫媒异花传粉植物。

草果花有浓郁的香气，又有蜜腺，可吸引蜜蜂和各种昆虫来往于花穗之间，昆虫是两类植株间异花传粉的重要媒介，传粉昆虫是决定草果能否结果和结果率高低的先决条件之一，其种类、形态、行为及数量具有重要影响。草果花完全开放时，柱头与唇瓣间的垂直距离约为8mm。体型小的昆虫，如蚂蚁，不宜作为传粉昆虫，它们的行为不能实现传粉或作用甚微，而且其传粉代价以花粉为主。蚂蚁舔吸花蜜时，往往把花柱咬断或使花柱脱离花药，而几种鳞翅目昆虫的幼虫以花为食，对传粉不利；体型较大的熊蜂类，如云南熊蜂和滇熊蜂，不仅体型合适，背部有毛，易携带花粉，而且以花蜜而不是花粉作为传粉的代价，是草果的专性传粉昆虫。此外，中华蜜蜂的访花频率高，为了采集花蜜，它们进入花朵，触碰到花药或柱头，翅膀、足、触角等身体部位粘满草果的花粉，使它们成为草果的有效传粉昆虫（图2-11）。

图2-11　蜜蜂传粉

研究表明，中华蜜蜂的访花频率在1d里呈现2个高峰，分别在中午（12：40—13：10）和下午（16：50—17：30）。双峰访花模式在具有柱头卷曲的豆蔻属、山姜属植物中均有报道，提示了其花朵在1d花期中的性功能状态和传粉者的觅食行为是匹配的，也可能提示柱头卷曲机制的进化发生于类似的生境，传粉者在中午减少访花行动。

已有的蜜蜂通常行为的研究表明，蜜蜂的体温取决于环境温度，它们的身体获得足够的热量后才能开始觅食，环境温度越低，蜜蜂开始觅食的时间越晚。环境温度太高时，体型大的蜜蜂种类必须停止觅食，因为过高的温度会导致它们身体水分的消耗量超过摄入量。研究发现，环境温度、湿度均极显著地影响中华蜜蜂在观察居群中的活动。78%的环境湿度、18℃的环境温度非常适宜中华蜜蜂活动，当温度或湿度变低时，中华蜜蜂每次访花在花朵里的停留时间将延长。研究的观察点位于潮湿的常绿阔叶林里，13：00—16：00的温度通常超过18℃，而湿度常常高于78%。因此，环境温度和湿度对传粉者行为的影响，是双峰访花模式形成的原因之一。

此外，草果两型花花蜜分泌的动态变化也促成了双峰访花模式的形成，因为中华蜜蜂的访花频率与草果上举型花的花蜜分泌速率有极显著的相关性，说明它们对花蜜分泌的变化是有反应的。上午，一方面，花蜜分泌速率逐渐提高，花蜜不断增多；另一方面，环境温度逐渐增高，中华蜜蜂逐渐变得活跃，它们在12：40—13：10达到第一个访花高峰，这一高峰的形成有利于下垂型花的花粉扩散和上举型花的柱头受精。下午，花蜜分泌速率持续提高，在16：40—19：00达到高峰，吸引中华蜜蜂不断飞回花朵，在16：50—17：30达到第2个访花高峰。此时，上举型花的花药开始开裂，下垂型花的柱头下垂而进入授粉通道。因此，第2个访花高峰的出现有利于上举型花的花粉传播和下垂型花的柱头受精。在13：10—16：50，草果两型花分别处于性转化阶段，多数花处于“无性”状态，此时受温度、湿度的影响，中华蜜蜂访花频率下降，在事实上避免了无效访花。所以，双峰访花模式和草果的柱头卷曲运动是匹配的，有利于草果两型花的互惠传粉[10]。

5.草果花粉活性

崔晓龙等研究表明，草果花中仅有1枚雄蕊正常可育，其他雄蕊均变成退化雄蕊，无花丝与花药分化，但具有分泌花蜜的功能[1]。发育正常的1枚花药，含花粉50 000 ~ 55 000粒。花粉粒圆球形，直径为120 ~ 190μm，无萌发孔，表面具刺状突起。花粉粒大且具刺状突起的特征与适应蜂媒传粉密切相关，花粉萌发时大多产生1条萌发管，偶有产生2条萌发管。

研究发现，花粉在10×10^6硼酸水溶液培养基、19 ~ 20℃条件下，90min左右可萌发，萌发率达94.08%。硼酸对花粉萌发和花粉管生长有明显的促进作用，而蔗糖对花粉萌发的促进作用随着浓度的提高而降低，高浓度的蔗糖溶液对花粉萌发有强烈的抑制作用。因此，蔗糖在花粉的萌发中，可能主要起调节渗透压以避免花粉管破裂的作用，而当花粉管在花柱中生长时，也起到提供营养的作用，硼酸对蔗糖在花柱中和花粉管内的运动有促进作用，使花柱中的花粉管3h就能伸长到40mm，这与硼酸能与蔗糖形成络合物，易于在组织中运输和参与果胶物质的合成有密切的关系。硼酸对花粉萌发和花粉管生长的促进作用，并不是随着浓度的提高而加大，高浓度的硼酸会影响花粉正常的生理功能，对花粉的萌发和花粉管的生长有不利的影响。若草果园处于较湿热地区，硼在土壤中主要以可溶性硼酸盐（BO_3^-）的状态存在，易淋失，在土壤中很贫乏，因此，草果开花前及开花期可酌情喷施适量浓度的硼酸或硼砂水溶液，以防开花而不结果，提高结果率。由于花粉内的渗透压高，在水中萌发的花粉及花粉管极易破裂，导致花粉萌发率大幅度下降，因此开花期雨水过多对结果不利。

草果花粉属3-细胞型花粉，花粉萌发率与储存时间和温度、湿度有关，在湿度为82%、温度为20℃条件下储存，3h后萌发率开始下降，12h后即下降到0，而在过饱和湿度（100%）、20℃条件下储存时，10h之内仍保持相当高的萌发率，24h后才突然下降，即在湿度低的环境条件下，花粉的萌发时间是短暂的。也就是说，其生存能力较弱，不耐低湿环境，易受环境因子的影响。开花早的花序由于处于旱季，落花率最高，大多在85%～95%，有的为100%。一般情况下，湿季落花率在40%～60%，落果率为15%～20%（图2-12）。随着幼果纵、横径的增大，落果率明显降低，进一步证实了选择开花稍迟的植株作良种选育性状的科学性[11]。

图2-12　湿度过大导致草果出现烂花现象

（五）果实

1.果实的形态学特征

（1）果实的外观特征。草果的果实属于不开裂蒴果，蒴果密生，果实富含纤维，干后质地坚硬，果形为纺锤形、卵圆形或近球形，螺旋式密生于1个穗轴上。每穗有果15 ～ 60个，每个果长2.5 ～ 4.0cm，宽约2cm，直径1.4 ～ 2.0cm，有短果柄，幼果鲜红色，成熟时为紫红色，烘烤以后呈棕褐色，不开裂，具韧性而坚硬，有较整齐的直纹纤维。顶部具有宿存花柱残迹，基部具有宿存苞片，有浓郁香味（图2-13）。

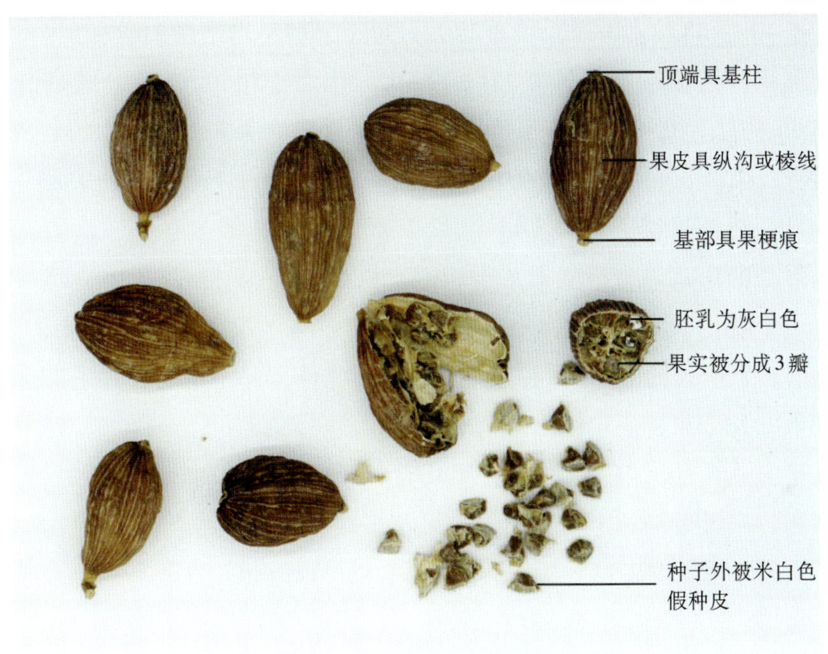

图2-13　草果干果解剖

每个草果的果实内有20 ～ 66粒种子，内分3室，每室含种子7 ～ 24粒，种子集结成团。种子为多角形，长0.4 ～ 0.7cm，宽0.3 ～ 0.5cm，黄棕色或红棕色，每个种子颗粒被1层白色海绵状薄膜包住。中央有凹陷合点，较狭端腹面有圆窝状种脐，种脊凹陷成1条纵沟。种仁白色，有浓郁的清香、辛辣味，千粒重为120 ～ 150g。

（2）果实的显微结构。外果皮与中果皮近外侧的薄壁细胞较小，中间细胞较大，形状不规则，细胞壁薄，部分细胞具草酸钙结晶，外韧型维管束排列成2轮；内果皮可见维管束木质部导管，韧皮部可见筛管，外侧有纤维群。假种皮薄壁细胞含淀粉粒，方形油细胞排为1层；色素层为数列棕色细胞，皱缩；内种皮为1列栅状厚壁细胞，棕红色，内壁与侧壁极厚，胞腔小，内含硅质块，含淀粉粒和少数细小草酸钙结晶及方晶。

2. 草果的果形

云南草果产区品种主要根据草果果实的形状、颜色、大小，植株的高矮，叶片大小和质地厚薄进行分类。

（1）纺锤形。纺锤形草果的主要特征是植株高大，一般在2.5m以上。叶片长为40 ~ 100cm，宽20cm左右。花穗长18 ~ 25cm。果实呈纺锤形，紫红色。果柄长约0.5cm，果长4.0 ~ 5.5cm，直径2 ~ 3cm。种子呈棕褐色。每个果实含种子35 ~ 60粒，种子千粒重112g，每个果穗平均结果24个。味辛辣，香味浓烈。

（2）卵圆形。卵圆形草果的株高、果穗与纺锤形草果相似，主要特征是果实为卵圆形，大红色。果柄长约0.4cm，果长3 ~ 4cm，直径2 ~ 3cm。种子灰白色，有光泽，每个果实含种子40 ~ 68粒。种子千粒重170g，每个果穗平均结果21个。

（3）近圆形。近圆形草果株高2.0 ~ 2.5m。叶片长50 ~ 77cm，宽15.5 ~ 18.5cm。花穗长13.5cm左右。果实近圆形而稍呈卵圆形，红色。果长2.5 ~ 2.8cm，直径2.5cm，果实排列紧密。果柄长约0.3cm。种子茶红色，有光泽。每个果实含种子25 ~ 45粒，种子千粒重141g，每个果穗平均结果44个。

（4）圆形。圆形草果与近圆形草果相似，株高2.0 ~ 2.3m。叶片长45 ~ 66cm，宽14.5 ~ 17.5cm。花穗长13.25cm左右。果实圆形、红色。果长2.5 ~ 2.6cm，直径2.5cm，果实排列紧密。果柄长约0.2cm。种子茶红色，有光泽。每个果实含种子23 ~ 41粒，种子千粒重138g。每个果穗平均结果48个。

从结果量、总重量、单果平均重、平均含种子、千粒重的对比来看，圆形、近圆形草果结果率高，产量较纺锤形草果高，但果实干燥后个较小，含种子少。纺锤形草果产量低，但是味道辛香（图2-14）。

图2-14　草果不同果形

3.草果的结果习性

草果幼果由子房膨大而成，4—6月开花授粉，5月中旬至6月下旬果实基本形成，10月下旬至12月上旬果实完全成熟。一般情况下，草果花在授粉后5 ~ 10d子房开始膨大，20 ~ 30d为子房快速增大时期，在此时期内，果实的纵径与横径迅速增长，50d后增长减缓，果实渐趋定形，整个增长曲线呈“S”字形。从授粉到果实定形约需60d，至果实成熟则需约120d。幼果淡黄色，逐渐变成浅红色、红色，果实定形时多变为紫红色，也有过渡的中间颜色（图2-15）。

图2-15　草果幼果色泽变化

草果存在落花烂果现象，结果率偏低，蓬间差异很大，同一蓬草果的不同花序间差异也很大。蓬间差异主要是由开花期的迟早、柱头形态及其生理状况的不同造成的，即由遗传素质的不同造成；而同一蓬草果的不同花序间差异则是由花序开花的先后与植株营养供给能力造成的。结果率的高低很大程度上取决于柱头接受花粉量的多少与授粉时环境条件的好坏。开花早的花序由于处于旱季，授粉成功率较低，落花率较高，大多在85% ~ 95%，有的为100%，出现绝收现象。

草果落花烂果对产量有着极大的负面影响，究其原因，草果开花结果期间对环境因子极为敏感。草果为半阴生植物，喜散射光，要求光照强度在1 000 ~ 10 000lx，以4 000 ~ 8 000lx为宜，相应的郁闭度为50% ~ 60%，植株才能正常生长发育。郁闭度低时，虽然能增加单位面积的植株数量和花序数，但往往开花早，导致开花而不结果；若蓬间距离大，阳光直射于花，会导致花不开放或开花时间短，同时加速花粉、柱头生活力的下降，而且长时间的强光直射会灼伤叶片。郁闭度过高，光照强度在1 000lx以下，会严重影响叶片的光合作用，营养不良，致使植株细弱和出现散蓬现象，单位面积的植株数量和花序数明显减少，结果率降低。此外，温度、湿度的变化对草果结果率影响极大，主要表现在对花的开放和对花粉、柱头生活力的影响上（图2-16）。高温低湿度和低温高湿度都是造成结果率低的重要原因。草果花期生长发育的适宜温度为12～24℃，虽然低于10℃的低温对花粉萌发有暂时的抑制作用，对生活力无大的影响，但会严重影响花的正常开放以及花药的散粉时间，柱头的行为也不能正常进行，这对传粉结果不利。低温、高温均能明显影响传粉昆虫的活动，从而影响传粉结果[7, 12-13]。

图2-16　草果果期湿度过大导致出现烂果现象

二、草果对环境因子的要求

（一）非生物因子

1.温度

适宜的温度对植物的生长至关重要，包括种子的萌发、植株的生长、植株的开花结果等[14]。一般情况下，过高或者过低的温度对于植物而言，均为不利因素。如就种子萌发而言，温度过低，植物种子会进入休眠状态，无法萌发；高温虽然能打破种子休眠，提高种子萌发速率，但同时可能导致幼苗细弱徒长、后期抗性差等问题。受生理结构及调节机制的差异影响，不同的植物的适宜温度不同；同时，在植物的生长周期中，不同生长阶段的最适宜温度也有所差异，对抗极端温度（极高温、极低温）的能力也不同。

草果属于亚热带半阴生宿根高棵草本植物，适于生长在冬暖夏凉的南亚热带常绿阔叶林地的植被之下，年均温度在16～19℃的局部环境适合草果的生长发育，林内温度要求在8～20℃，草果喜温暖，怕夏季的炎热和冬季的严寒。随着季节的变化，各月的温度有差异，在草果生长的地区，一般4—10月的平均温度在20～23℃，1月前后温度最低，平均温度在8～10℃。全年无霜期280～340d，即使冬季出现短暂的低温（-5.9～-2.3℃）亦能安全越冬，但较长时间在-6℃以下即会引起不同程度的寒害。草果不同生长时期对环境温度的敏感度不同，所带来的影响也有所差异。

就草果育苗而言，怒江州境内一般每年的12月（冬播）或翌年的2—4月（春播）播种，一般在播种50～70d后开始发芽，此时气温逐渐回升，白天温度能达到近30℃，夜间稍低，一般为15～20℃。冬播发芽较慢，春播发芽较快。草果种子萌发的适宜温度为20～30℃，温度过低，种子无法打破休眠，温度过高，则可能伤害种子内部结构，导致无法萌发。宋美芳等对草果种子萌发特性的研究也验证了这一点[14]。他们测定了不同温度条件下草果种子的萌发率，结果显示，不论是12h光照还是全黑暗环境中培养的草果种子，均以30℃/20℃变温条件下的发芽率最高，25℃恒温条件下的发芽率次之，15℃条件下的发芽率最低。在30℃/20℃变温、12h光照条件下，种子培养21d后发芽率为35%，42d后可达到53.5%，不仅发芽率高，且发芽相对集中或整齐。草果种子萌发之后，幼苗的抗性较差，此时若遇高温，可能发生烧苗现象，叶片发黄、疲软，继而茎叶腐烂。在实际生产中，种子萌发阶段一般覆盖地膜或稻草以保温，为种子创造适宜萌发的温度条件，而在种子萌发之后，则应采取通风、加盖遮阳网等措施，以防高温对植物造成损伤。

草果进入生长旺盛期后，对极端温度的抗性有所增强。但高温会使草果叶片中的叶绿素失去活性，降低光合作用速率，减少糖分的合成和累积；还会加速草果植株内水分的蒸发，破坏其体内的水分平衡，导致草果出现萎蔫、干枯等问题；此外，还会影响花芽分化及花粉活性，导致授粉不利，产量下降。而低温会导致草果生长缓慢，花期延后，影响光合作用和物质积累（图2-17）。比如，“倒春寒”现象就对草果的生长发育极其不利，因为春季气温已经开始上升，由植株根部抽出的根状茎及抽生的花穗刚刚开始生长，花穗被冻死会影响正常开花，从而降低穗实率。在草果开花结果时期，极端温度带来的影响更为明显。比如，花期温度过高或过低都不利于草果结果。较低的温度对草果花粉生活力无大的影响，但能延迟萌发时间，即低温能延长花粉储存的时间。当温度逐渐上升至超过24℃后，花粉生活力逐渐下降，萌发率也随之下降，表现为花粉壁刚产生突起就破裂，或花粉管伸长不久就破裂。草果花粉萌发、花粉管生长和原生质流动的适宜温度在12～24℃，可见，草果开花时的适温幅度较小，不宜种植在花期温度太低或偏高的地区[15]。

图2-17　草果受霜冻危害

2.光照

光作为环境信号作用于植物，是影响植物生长发育的众多外界环境中最为重要的条件。其重要性不仅表现在光合作用对植物体的建成作用上，光还是植物整个生长和发育过程中的重要调节因子。草果是一种半阴生植物，怕强光直射，喜散射光，要求光照强度在1 000 ～ 10 000lx，以4 000 ～ 8 000lx为宜，相应的郁闭度为50%～ 70%，植株才能正常生长发育。因此，草果在生长发育过程中需要一定的郁闭条件，郁闭度的大小对其生长发育起着极其重要的作用，只有适宜的光照强度才能促进草果健康生长。过弱的光照会导致草果生长缓慢，叶片变得狭长，颜色淡绿；强烈的光照则可能导致草果植株的水分过度蒸发，甚至出现晒伤等问题。

草果在生长发育的不同阶段，对光照强度的需求具有明显差异。就草果种子萌发而言，有研究表明，草果种子为光不敏感型种子，12h交替光条件下的萌发率虽略高于全暗条件，但并无显著差异。在实际生产中，播种后应及时盖细肥土，并用拱架覆膜保温保湿，上方搭建遮阳网。到了草果幼苗期，因初生根系不够发达，对水分的吸收效率较低，故对郁闭度需求大，通常以60%～ 70%为宜。而新移栽的1 ～ 2年生的幼龄期，因移栽导致根系受损，吸收水分和养分的效率同样较低，因此也需要60%～ 70%的郁闭度。在这2个时期，根系的生长和植株茎干的伸长至关重要，前者为植物吸收充分的养分和水分做准备，后者为草果争取更多的生长空间，而光照在这2个时期内都是极其不利的因素。比如，光会促进根内形成脱落酸，而脱落酸是一种生长抑制型的激素。

草果移栽之后，随着植株适应新环境，株龄增大，根系变得发达，植株变得强壮而富有生机，郁闭度应稍微降低，以50%～70%为宜，以保证充足的光照供给，提高光合效率，促进草果生长。此时，光主要通过光合作用、蒸腾作用和物质运输等影响草果生长。光是光合作用的能源，若光照不足就不能产生足够的有机物，植物生长也就失去了物质基础。同时，光可以影响植株的蒸腾作用，叶子吸收的太阳光辐射能的大部分用于蒸腾。此外，光直接影响气孔的开闭，在光下气孔开放，气孔阻力减小，叶内外蒸气压差增大，从而使蒸腾加快，有利于物质的运输。但如果是在土壤水分不足的情况下，光照会导致草果植株水分不足，影响植物的生长。

进入生长旺盛阶段的草果，每年都有抽笋期、植株生长期、根状茎生长期、开花期、幼果形成期、果实成熟期和植株衰老期这几个阶段。其中在草果花期，光照带来的影响最为明显。郁闭度低时，虽然能增加单位面积的植株数量和花序数，但往往开花早，导致开花而不结果；若蓬间距离大，阳光直射于花，则会导致花不开放或开花时间短，同时加速花粉、柱头生活力的下降，而且长时间的强光直射会灼伤叶片（图2-18）。郁闭度过高，光照强度在1 000lx以下，严重影响叶片的光合作用，营养不良，致使植株细弱和出现散蓬现象，单位面积的植株数量和花序数明显减少，落果率增加。当草果进入果实成熟期，郁闭度过高带来的直接后果，是植株无法通过光合作用合成足够的营养物质来支撑草果膨大，造成减产。

此外，郁闭度的确定还应考虑其他环境因子。比如，在日照时间长、土壤湿度小的林地，郁闭度可适当大些，以60%～70%为宜。有灌溉条件的，郁闭度可小些，降低到50%～60%。在怒江西岸，多以郁闭度在50%～70%的亚热带湿性常绿阔叶林中生长最好。在透光率大的草果园地中，草果植株早衰、枯死现象突出。凡郁闭度超过80%的草果林地，植株质地偏软，茎秆徒长，叶片细长，坐果率低。在选择遮阴树种时，以树冠大、根系深、分枝高、叶片薄、落叶易腐烂和保水力强的树种为宜[15]。

图2-18　郁闭度过低导致草果植株受日灼伤害

3.水分

水是生命之源，对植物的生长来说，是不可或缺的重要因素。水供给植物所需的养分，维持植物细胞的结构和功能，参与植物的新陈代谢，调节植物的温度，促进根系生长和土壤结构的稳定。不同的植物对水分的需求具有很大的差异性。草果是喜湿润、怕干旱的热带、亚热带雨林植物，土壤湿度和相对湿度是影响草果生长发育的重要因子，一般在土壤含水量为20%～30%、空气相对湿度为70%～85%的条件下，植株才能正常生长发育。草果生长地区的年降水量通常在1 000～1 600mm，其中80%的降水集中在6—10月，以6—8月最盛，这段时期林内温度高，水分也充足，能满足植株旺盛生长的需要。空气的相对湿度能影响土壤水分的蒸发，可相对降低草果地的旱情。每年10月以后至翌年的3月，降水量相对较少，不过这段时间林内常有大雾弥漫，数日不散，增加空气湿度，弥补降水量的不足。

草果在不同生长时期对水分的需求也有所差异。在草果育苗阶段，如果水分含量低，无法满足种子萌发所需条件，种子将延后萌发，直到水分含量满足条件；若水分含量过高，种子长期浸泡于水中，则可能因无法呼吸而腐烂，无法萌发。在日常生产中，一般选择透水性良好、肥沃的土地进行育种，在播种后将水浇透土地，并覆盖育苗膜或其他遮盖物进行保湿，以保证水分能满足萌发所需条件。草果抽出2～3片叶后，应采取通风措施降湿，否则草果苗易出现烧苗现象，叶片、直立茎腐烂死亡。若草果苗出现疲软、萎蔫现象，则说明土壤水分含量过低，影响了草果苗的生长，应及时浇水，提高土壤水分含量。

对已经分株、进入开花结果阶段的草果而言，空气相对湿度在80%～85%时，生长旺盛，生机勃勃，产量可观。在草果的生长周期中，以开花结果时期对湿度的要求最为严苛。若花期降水过多，尤其是遭遇暴雨，会大大缩短草果的花期，同时影响昆虫活动，致使花授粉不良。开花时如遇连续降雨，还可能因雨水过多而造成烂花，使整个花苞腐烂，导致产量大减。而花期如遇干旱，则会造成枯花，无法授粉结果。6—8月是草果果实膨大的关键时期，此时相对湿度要求在85%左右，这是决定草果有较高产量的首要条件。只有足够的湿度才能满足植株进行蒸腾作用、光合作用等所需，吸收和合成足够养分，提高草果产量和品质。水分不足会严重影响草果的生长发育（图2-19）。果实生长阶段如遇上干旱，则果实不易长大，出现大幅度减产现象。一般在山洼子有长流水的地方，湿度都可满足这一要求，能引水灌溉则更好。因此，在草果果园选地时，应充分考虑这一因素，若种植区草果过于裸露，种植坡地无长流水，园区湿度低，则必须进行喷灌，才能保证草果存活、生长、结果。

图2-19 干旱导致草果植株干枯

4. 土壤

植物生长与土壤密不可分，土壤作为植物生长的基质，起着重要的作用。土壤不仅为植物提供养分、水分和机械支持，还能调节温度和pH，促进根系生长和发育。良好的土壤是草果高产稳产的必要条件。草果根系在土壤中生长并扩展，形成根系系统，土壤中的细小颗粒和有机质能够为草果根系提供物理支持，并促进根系与土壤颗粒之间的结合，进一步稳定草果根系。根系系统的发达与否，决定了草果吸收养分和水分的能力，进而影响草果的生长发育。因此，草果适宜生长在砂岩、页岩的山地黄壤或砖红壤，表土含腐殖质较多，土层深厚，排水良好的弱酸性沙壤土中。

草果正常生长所必需的各种营养元素，如氮、磷、钾等，主要来自土壤。这些养分参与草果植株的新陈代谢、生理活动和产物合成等过程。土壤中的有机质和微生物对草果生长也尤为重要，有机物质经微生物分解并转化为草果植株可吸收的养分，进一步满足其生长需求，提高草果品质。有研究表明，土壤中的有机质、水解性氮、有效硼、有效硫、有效铁含量越高，越有利于种子挥发油的产生和积累。草果一般种植于林下，上层遮阴树的落叶和自身死亡的茎、叶回入土中，通过微生物的分解还原作用，不断补充土壤中失去的无机盐，满足草果正常生长发育的需要。在森林植被覆盖下，土壤自然肥力较高，表土层达15～25cm，有机质含量为4%～5%，在这种情况下，草果生长状态良好。土壤中的微生物对草果的影响远不止于此，若土壤菌群失衡，有害菌占据优势地位，便会通过土壤侵染草果植株，使其遭受病害，这种病害具有传染性，会导致草果果园出现大幅度减产甚至枯萎死亡。因此，可以通过施加有益菌肥，改善土壤微生物结构，增强植株抗性，提高其生命活力及草果产量。

土壤能保持水分，为植物提供水分来源。土壤孔隙可以吸附和储存水分，形成土壤水分的库容。当植物需要水分时，可以通过根系吸收土壤中的水分来满足生长需求。草果喜湿润，但过高的水分含量对草果的生长也是不利因素，适宜生长的土壤水分含量为20%～30%。因此，草果适宜在透气、排水性较好的沙质土壤里栽培，如砂岩、页岩的山地黄壤或砖红壤等都是较为理想的草果栽培土壤。土壤过于黏重，如过于低洼的胶泥土壤，透气、排水性能差，影响草果根部呼吸及营养吸收，进而影响其生长；而偏于沙砾或质地坚硬、瘠薄的土壤则水分涵养不足，导致草果长势差，开花和结果少，产量低且品质较差。

此外，土壤温度和pH都会影响草果植株的生长发育。草果喜好温润的气候，过高和过低的温度对其生长均有负面影响。土壤具有一定的保温性能，可以缓冲气温变化对草果的影响，为草果提供适宜的生长温度。同时，土壤的pH也会影响草果植株的吸收和利用养分的能力。对草果种植而言，通常以酸性或微酸性（pH在4.5～6.0）的土壤为好。pH低于4.5则生长不良，在pH为7的中性土壤中，草果生长相对较好，而当pH＞7时，对草果植株的生长及草果果实的品质都是极为不利的[16]。

5.海拔和降雪

云南省从22°30′N的红河州至28°N的怒江州都有草果种植，草果在海拔900～2 300m的地带都能生长和开花结果，但以1 200～1 800m为宜。海拔过高，草果亦能生长，但结果较少，草果产量低；海拔过低则草果生长不良或不开花结果。海拔对草果生长发育的影响来自海拔对气候和环境条件的改变。具体来讲，海拔通过影响气温、降水量和降水分布、日照时间和太阳辐射量、土壤条件等因素，对草果的生长和产量产生重要影响。

首先，随着海拔的增加，气温逐渐下降。草果属于亚热带草本植物，适宜生长在冬暖夏凉的常绿阔叶林地植被之下，较低的气温会延缓草果的生长进程，对其生长和产量产生负面影响。当出现长时间持续低温时，草果可能出现冻伤甚至死亡。其次，降水量和降水分布也会随海拔升高而发生变化。草果对水分的需求较大，通常要求空气相对湿度在70%～85%。在海拔相对较低的地区，降水量相对较大，有利于草果生长。然而，随着海拔增加，受山地抬升和云团拦截的影响，降水量逐渐减少，降水的分布也不均匀。降水不足和分布不均会导致地势较高地区的草果缺水，影响其发育和产量。再次，日照时间和太阳辐射量也与海拔高度相关。海拔较高的地区，由于受山地的阻挡，日照时间较短，太阳辐射量相对较低。太阳辐射是草果植株进行光合作用的重要能量来源，较少的日照时间和太阳辐射量会减缓草果的光合作用和生长速率，使其生长状态不良，出现减产甚至无产现象。最后，海拔高度会影响到土壤的质地和养分含量。较高海拔地区的土壤通常温度较低，土壤养分含量较低，不利于草果的生长。因此，在草果果园选址时，应充分考虑海拔对气候因素带来的影响，并结合草果对气候条件的要求进行全面考虑。

高海拔对草果的影响还有另一个不容忽视的因素，那便是降雪。海拔越高，气温越低，水汽更容易冷凝成雪。因此，高海拔山区降雪强度较大，并且雪后还伴有2～5℃的降温，且容易出现积雪、结冰等问题。短暂的降雪可以为草果果园中的土壤补充水分，且雪中含有很多氮化物，这对草果来说是天然的肥料。同时，雪在融化时可以冻死害虫，减少草果园虫害的发生。即使冬季出现短暂的低温（-5.9～-2.3℃），草果亦能安全越冬，但温度较长时间在-6℃以下，会引起不同程度的寒害（图2-20）。李秀君通

图2-20　雪灾造成草果倒伏及冻伤

过调查、对比下雪前后草果成活率得出结论，雪灾使草果的成活率降低24.5%，对草果成活率影响显著。因此，长时间积雪的地块不适宜种植草果[15]。

6.坡度与坡位

草果适宜种植在凹地、沟谷、边缓坡上，坡度在15°～35°较好。坡的陡峭程度与土壤条件息息相关，若坡度过高，则土壤层较薄，土壤中的养分较为缺乏，同时土壤保水性差，土壤湿度较低。在陡坡上种植草果，草果根系无法吸取足够的养分及水分，生长状况较差，植株矮小、叶片发黄，呈现明显的营养元素缺乏症状。同时，在此种不利情况下，草果为了争取有利的生存条件，块状茎的节数增加，节间距增大，叶芽及花芽的分化减少，导致草果出现“翻蔸”现象。因养分不足，分化而成的花芽较小，花朵不易开放，即便开放也不易授粉结果，致使草果产量大大降低。若遇到干旱年份，草果可能因极度缺水而无法维持生存，出现大面积死亡现象。此外，遮阴树在陡坡上的生长状况同样受限，进一步导致林下区域郁闭度较低，不利于草果的生长，可能出现日灼问题。陡坡种植草果的另一个不利因素是土壤稳定性较差，土壤层浅薄，草果及遮阴树的根系无法深入土壤，不能发挥足够的支撑及固定作用，降水量过大时易发生泥石流（图2-21），致使草果被冲走或掩埋，造成种植面积减少，直接影响果农的收入。

图2-21　草果地遭受泥石流灾害

就坡位而言，在土壤条件、草果品种相当的情况下，阳坡的光照时间通常明显长于阴坡，导致草果郁闭度和环境湿度相对较低，草果生长相对较差，结果率也相对较低。草果地应以阴坡为主，尤其以坐南向北的坡向为佳，日照时间短，有利于保湿。

（二）生物因子

1.植物因子

（1）遮阴树。草果作为半阴生植物，着生在森林中的乔木层下，需要乔木植物作遮蔽以保温、保湿，郁闭度在50%～70%才能正常生长发育。乔木层的落叶掉落在草果园中腐烂，可作肥料，增加土壤中有机质的含量，提高土壤肥力，极大地促进草果的生长发育。此外，在生物群落中，藤本植物主要依附高大乔木向上生长，在乔木之间拉了一层天然遮阳网，为草果生长创造了良好的阴湿环境。

遮阴树种的选择需要全面考虑其特征、习性，以树冠大、根系深、分枝多、叶片薄、落叶易腐烂和保水力强的常绿阔叶植物为好（图2-22）。草果园地常选用的遮阴树种主要分为2类：第一类是桤木、尼泊尔桤木等，这些树种有一定的保水力，又有固氮的作用，郁闭度适中，树叶落地易腐烂，可作肥料，并增加土壤肥力，有利于草果生长结果；第二类是水青冈、红椿、大叶木莲等，也有较强的保水力，林下土壤含水量高，郁闭度大，可在林间开阔地种植草果。此外，还可以在林间种植藤本植物以提高郁闭度，宜选择大血藤、山葡萄等攀缘能力强、遮阴效果较好的植物。

图2-22　不同遮阴树下的草果林
A.桤木下的草果林　B.原始森林下的草果林

在草果园建园时需要先育林，为草果提供良好的遮阴环境，待遮阴树成活并长到一定高度时再移栽草果苗。草果苗一般在育林后2年种植，如果需要在造林的同时种植草果，则需要采用遮阳网遮盖，为草果的生长提供适宜的郁闭条件。荒山育林时，要有目的、有计划、有选择、按规格种好遮阴乔木和藤本植物，每亩种植乔木15～20株，每株乔木旁种植1株藤本植物，与乔木共生形成天然遮阳网，株行距一般为6m×6m或6m×8m。此外，在后期的草果园管理中，要根据草果园灌溉情况及草果生长情况等适时调整郁闭度，透光较少的地方要间伐或修剪，郁闭度不够的地方要补种乔木或牵引藤本植物遮蔽。

（2）草果立体栽培。草果种植时，植株间距为2.5～3.0m，为林下套种其他植物和菌类提供足够的生存空间。草果林的遮阴效果可为其下喜阴物种的生长提供良好条件。套种于草果林下的主要有中草药、菌类及蕨菜等，这些菌类和植物互利共生，极大地提高了空间利用率和经济效益（图2-23）。

图2-23　草果林下立体栽培
A.草果林下套种中药材　B.草果林下套种羊肚菌

当然，不同的物种与草果之间的互生关系也有所区别。在草果林下种植甜蕨菜，蕨菜的地上部分每年秋、冬季枯死，为草果的生长提供了较好的腐殖质有机肥，草果林的遮蔽、保湿、保温功能又为蕨菜宿根的存活和翌年嫩芽的生长起到了较好的保护作用。菌类属地被层，是林间固有的地被植物，可将食用菌种植在草果林间的株行距中，覆盖于草果根部，起到保温、保湿、分解有机物供草果吸收的作用。种植时可挖深20cm、宽30～40cm的沟，将菌包埋入土内。食用菌收获后，腐烂的菌包又成为草果的有机肥料。而草果茎高叶阔，为地被植物的生长提供了良好的生活空间。草果林下栽培食用菌，能互相促进生长，取得较好的经济效益。黄精、金线莲、石斛、灵香草、菘蓝、重楼、三七等中草药属草本层中较矮的一层，适宜在高大的草果林下生长，在草果林下距草果植株30 ~ 50cm处理墒种植，生长良好。这些药材的种植，对土壤保湿，调节草果林内湿度、温度有较好的效果，可促进草果的生长[17]。

2.动物因子

动物群落对草果园的影响，因物种的不同而差异显著。一方面，草果是典型的虫媒花植物。经调查试验，草果不经昆虫传粉，自花授粉率不足30%；经昆虫传粉，草果花受粉率可达85%以上，大大提高了草果的挂果率，增加了草果产量。因草果花生理结构独特，传粉昆虫以体型较大的蜂类为主，如云南熊蜂、滇熊蜂、当地岩蜂、中华蜂等，它们不仅体型合适，且背部有毛，易携带花粉，有助于花朵传粉。而体型小的昆虫，如蚂蚁，不宜作传粉昆虫，它们的行为对传粉不起作用或作用甚微，而且传粉代价以花粉为主。蚂蚁舔吸花蜜时，往往会把花柱咬断或使花柱脱离花药，部分鳞翅目昆虫的幼虫以花为食，对草果花传粉都不利。与此同时，草果花序糖源丰富，为蜜蜂提供了充足的蜜源。草果花蜂蜜不仅可以食用，还具有一定的药用价值，作为草果产业发展的附加产物，进一步提升了草果的附加值。

另一方面，部分昆虫对草果的生长发育极为不利，比较典型的有木毒蛾、舞毒蛾等毒蛾类，它们的幼虫啃食遮阴树及草果叶片，严重破坏草果的郁闭条件，影响光合作用，造成草果产量下降。在草果果园管理中，应注意防控害虫，以保证草果正常生长发育，稳产增产。

参考文献

[1] 崔晓龙，魏蓉城，黄瑞复. 草果人工种群结构研究[J]. 西南农业学报，1995, 4(2): 114-118.

[2] 唐德英，马洁，里二，等. 我国草果栽培技术研究概况[J]. 亚太传统医药，2009, 5(7): 157-162.

[3] 柳树炳，邓丽晓，张免. 滇滩镇草果生产现状和丰产栽培技术探讨[J]. 农业科技通讯，2017(11): 284-287.

[4] 杨荣恋. 浅谈马关草果花而不实的原因及对策[J]. 农家参谋，2018(2): 61, 138.

[5] 杨本初. 马关草果低产原因及对策[C]// 云南省老科技工作者协会. 云南省老科技工作者协会"十三五"规划建言献策论文选编. 文山：马关县草果研究所，2015: 253-257.

[6] 李君菊. 林下草果人工栽培技术[J]. 中国林副特产，2021, 1(18): 49-50, 52.

[7] 崔晓龙，魏蓉城，黄瑞复. 草果开花结实的生物学特性[J]. 西南农业学报，1996, 9(1): 109-113.

[8] 杨耀文，刘小莉，游春，等. 草果花序发育和开花的初步研究[J]. 时珍国医国药，2013, 24(3): 740-742.

[9] 杨耀文，刘小莉，普春霞，等. 草果5个居群果序数量多态性比较研究[J]. 中药材，2010, 33(7): 1034-1038.

[10] 李国栋，张洪武，刘小莉，等. 草果两型植株的繁育差异研究[J]. 广西植物，2017, 37(10): 1312-1321.

[11] 崔晓龙，魏蓉城，黄瑞复. 草果花粉生活力的研究[J]. 云南大学学报(自然科学版), 1995(3): 284-289.

[12] 潘春柳，邓志军，黄燕芬，等. 层积处理对草果种子萌发的影响[J]. 种子，2016, 35(2): 7-9, 15.

[13] 刘汉全. 浅析马关县草果花而不实及对策[C]// 云南省科学技术协会，中共楚雄州委，楚雄州人民政府. 第八届云南省科协学术年会论文集——专题二：农业. 文山：云南省马关县老科技工作者协会，2018: 1-3.

[14] 宋美芳，唐德英，李宜航，等. 草果种子萌发特性研究[J]. 中国农学通报，2019, 35(5): 70-74.

[15] 李秀君. 不同郁闭度·雪灾·干旱对草果成活率的影响[J]. 安徽农业科学，2016, 36(6): 28-31.

[16] 刘小莉，和俊才，赵小丽，等. 土壤对草果产量和药材品质的影响[J]. 时珍国医国药，2023, 34(8): 1980-1983.

[17] 朱贵平. 利用生物多样性发展草果立体丰产栽培[J]. 农村实用技术，2004(4): 20-21.

第三章 Chapter 3 草果规范化生产及栽培技术

草果是香料和中药材领域的一颗璀璨明珠，不仅为我们增添了味觉层次，还在传统医学中发挥着独特的治疗作用。草果独特的香气和药用价值，使其在市场上备受青睐，需求持续增长。然而，要实现草果的优质高产，并确保其品质在初加工过程中得到最大程度的保留，需要深入探究和掌握一系列科学的种植管理及初加工技术。

怒江州的草果种植历史不长，但因具备优越的自然资源及独特的气候条件，让小小的草果在云南甚至国内外占据绝对优势，成为深度贫困地区巩固拓展脱贫攻坚成果同乡村振兴有效衔接的支柱产业，为了更好发挥地方特色优势，做大做强怒江草果产业，以市场为导向，通过科学规划种植区域、选育优良品种、繁育优质种苗、精心管护田间、推广应用鲜果绿色干燥工艺，为全国市场提供最优质的草果产品，打造让消费者信得过的“怒江草果”品牌。

一、建园规范

（一）草果园地的选择

草果生长对生态环境资源条件的要求比较苛刻，必须严格选择建园地，园地选择不当就会成为广种薄收的主要原因之一。

1.选地的条件

以阴坡为主，海拔在900 ~ 2 300m，春季相对湿度达75%以上，常年湿度在70% ~ 85%，郁闭度在60% ~ 70%，以桤木为遮阴树为佳，郁闭度不够的山地应补种树木，增加上层郁闭度，年均气温16 ~ 20℃，土壤pH以4.5 ~ 6.0为宜，土壤以森林中的棕色沙壤土为宜，腐殖质层厚度在15cm以上，坡向为坐南向北，以有常年天然流水或人工挖沟的水沟边为佳，光照时间短，有利于保湿（图3-1）。

图3-1　适宜草果生长的环境

春季相对湿度达75%以上是决定草果产量的首要条件，满足首要条件后还得看温度、郁闭度、土壤、灌溉等条件是否达到草果生态习性的要求，在满足这些条件的基础上，坡形、坡向、植被的完整度和植被疏密度都是草果种植的影响因子。迎风面选阳坡，背风面选阴坡，在年均温较高处选凹形坡、阴坡，在年均温较低处选凸形坡、阳坡，均可弥补温度过高或过低的影响，同时也可调节相对湿度，使环境达到上述条件。此外，还要注意园区所处的位置是否有寒流通过，寒流会造成草果冻害，不宜选择。

桤木喜水喜湿，多生于透水性较好的沙石冲积滩和河滩、溪沟两边及低湿地，适应性强，耐瘠薄，生长迅速，冠幅大，叶量大，是少有根瘤菌的木本树种，能固沙保土、保水保湿、增加土壤肥力，是最理想的草果园区遮阴树。一般情况下，每亩遮阴树10～16株，以光照强度在4 000～8 000lx为佳。

2.怒江州各市（县）草果种植园区的选择

泸水市主要选择西边高黎贡山山脉，海拔在1 400～2 300m，年均降水量1 000～1 600mm，湿度为70%～90%，温度为5～20℃，以年均气温18～20℃为宜，郁闭度为50%～60%，土壤pH为4.5～6.0，以高山峡谷中的河流沟边或凹处的桤木林中为好。

福贡县位于怒江大峡谷中段，主要属亚热带季风气候，立体气候显著，境内分布有160多条河流，森林覆盖率达82.8%，年均气温16.9℃，年均降水量1 443mm，降水集中在2—4月和6—10月，相对湿度84%，是怒江州典型的“双雨季”代表区域，也是国内草果最适宜种植地区和草果主产区。草果种植园地应选择在海拔1 100～2 300m的高山峡谷、林地、沟箐中及河流边。

贡山县年均气温16℃，年降水量在2 700～4 700mm，相对湿度90%，属于典型春汛“双雨季”，境内河流众多，土壤肥沃，草果适合种植在普拉底乡、茨开镇、独龙江乡3个乡（镇）内，草果种植园地应选择在海拔1 200 ~ 2 000m的山坡、林地、沟箐中及河流边。

（二）草果园地整理

1.园地清理

新建草果园地大都位于乔木林、灌木林中植被覆盖率高、雨量充沛、湿度大、树叶腐烂堆积层厚、土壤疏松肥沃潮湿的区域，主要用砍刀、镰刀、割草机等工具清除杂草、石块及过密遮阴树枝，保持园内通风透气，园内郁闭度以60% ~ 70%为宜。园区整理最好在春季进行，便于杂草及树叶腐烂。如园区郁闭度不足60%，应补种遮阴树如桤木，该树种对土壤适应性强，喜水，速生，根系发达且有根瘤，可增加上层郁闭度，同时落叶可为土壤提供充足的有机质，改善林地环境，提高土壤肥力，有利于保证幼苗成活，促进草果迅速生长。

2.坡地平整

为实现较好的保水保土效果，根据园区地形，因地制宜改良坡地，可开挖成梯田也可挖成台地。注意在园区平整时，可将原有的腐殖质层收集好，开挖种植塘时回填塘内作天然有机肥。

3.开挖种植塘

做好建园的前期工作后，根据园区地形及山坡沿等高线开挖种植塘，塘的形状为鱼鳞状，塘的间距为2.5m × 3.0m或2.5m × 2.5m，塘的规格为0.5m × 0.5m × 0.3m，每亩定植88 ~ 110塘（图3-2）。

图3-2　草果种植塘

4.回塘

挖好种植塘后，将园区的表土和需施的基肥回填到塘中。基肥一般为腐熟的农家肥或腐殖土，可混入少量的钙镁磷肥，每塘可施用农家肥5～10kg、钙镁磷肥0.05～0.10kg，回塘后30～50d定植草果苗，定植前5d挖出塘内的填土进行晒土，晒3～5d后可进行二次回填，目的是防止腐熟不完全的农家肥烧根[1]。

二、种苗繁育

种苗繁育是指通过有性繁殖或无性繁殖的手段培育种苗的方法和技术。具体包括采集或培养农作物种子、接穗、砧木等作物繁殖材料，储藏、处理繁殖材料；整理、消毒育苗设施，准备苗床和育苗容器，翻耕、填充、整理苗床或配制、填充育苗基质；播种、扦插、嫁接、接种作物繁殖材料；使用育苗设施，调节温度、光照、湿度等，控制调整植株长势；灌溉施肥、防控病虫害、炼苗等，培育作物成苗；起苗，检验种苗质量，包装种苗。

草果种苗繁育分为有性繁殖（即种子繁殖）和无性繁殖（以草果植株的营养器官，即根、茎、叶、芽进行繁殖）2种。

（一）有性繁殖

种子能耐受较恶劣的环境条件而较长时期保持活力，到环境条件适宜的时候再萌发生长，有利于植物物种在环境趋于恶化时的保存和繁衍。和无性繁殖相比，种子繁殖具有容易受到杂交影响而不易保持品系的特点，种子繁殖技术简便，繁殖系数大，利于引种驯化和新品种培育。

种子繁殖是草果种植的主要繁育手段之一，为培育壮苗，使其达到速生、稳产、高产的目的，必须严格做好种子采收、保管工作，把握好苗圃地选择、整地和苗期管理等几个主要环节。

1.采种园地、植株、种果的选择

种子是培育良种、壮苗的基础，选择好的采种园地、植株、种果是提高草果种苗发芽率的关键所在，所以必须在采种前于适宜采种的草果区域内进行调查，确定留种区，以便确保草果的成熟度，留种区应选择丰产稳产、正处于盛产期、无病虫害，株龄在5～10年的草果种植区域，单丛作种用的草果母株群体或植株应完整、发育良好、生长旺盛、结果多、无“散蔸”、无病虫害、无机械损伤，果实成熟后养至较老熟，果皮呈鲜红色或紫红色，光泽好，果大、籽粒饱满，无破损，以内含的种子颗粒呈银灰色、果瓤放到口内含着能感到甘甜的果实为最好（图3-3）。

图3-3 草果优良果实

确定采种的植株后，每穗果都要舍弃头、尾部的特大和特小的果实，选择饱满、光泽好的中部果实作种子，采种时间为11月下旬至12月下旬，采下的鲜果最多只能在室内的地面上堆放15d左右，时间过长容易霉坏，影响出芽率。在15d内剥去果实外壳，取出种子团，可直接播种或用簸箕阴干，不能暴晒，暴晒会使种子变成哑种，影响出苗率。研究表明，种子含水量也是影响草果出苗的因素之一，种子含水量高于15%时，对种子萌发率影响不大，低于15%则会导致萌发率显著下降，因此，在实践生产中，应避免不及时播种的草果种子过度脱水，必须保证存放的种子含水量大于15%。种子阴干的目的是方便调运和储藏管理。

2.种子的处理

草果种子处理有3种方式：第一种是剥去果实外壳后，用草木灰或河沙反复搓揉种子团（图3-4），除去种子表面的白色胶质纤维丝状膜（主要原因是草果种子被一层白色胶质纤维丝状膜包住，水分和氧气难以渗透入胚，会影响种子发芽），留下银灰色的种子，用清水浸泡1 ~ 2d，用桶盛放河沙和珍珠岩（两者的比例最好为8 ： 2），混合后对种子进行层积处理10 ~ 20d，发现有少部分出芽就可取出播种；第二种是果实采来后剥去外壳，用草木灰或河沙反复搓揉种子团，除去种子表面的白色胶质纤维丝状膜，再用纯珍珠岩进行层积处理30d，取出播种，实验证明这种处理方式可使出苗率达90%以上；第三种是将去壳的草果种子团阴干后搓掉果瓤，将单颗种子储藏起来，播种前用清水浸泡3 ~ 5d，再进行撒种。

图3-4　对草果种子进行搓揉处理

3.苗圃地的选择

苗圃是专门培育种苗的场地，苗圃地条件的好坏直接影响到种苗的生长，应尽量选择前茬未种植过姜科植物的地块。为了使播下的草果种子能正常发育，出苗后能就近移栽，苗圃地应选在草果种植区域，靠近移植地，以便缩短运苗距离。同时要具备下列4个条件。

一是土壤肥沃、疏松、排水良好，一般以腐殖质含量较高的沙壤土或轻黏土为宜，保证苗圃土壤不带病、虫、杂草等，避免选择过于黏重或过于贫瘠的土壤，以免影响草果种子发芽和幼苗生长，不要选多年的苗圃地和蔬菜地育苗，因长期栽培蔬菜及感病植物连作的地块积累的病原物较多，易发生病虫害。

二是苗圃地附近要有充足且清洁的水源，以满足灌溉的需求，良好的供水条件有助于保持土壤湿润，为草果幼苗提供适宜的生长环境，还要考虑当地的降水量，确保有足够的水分供应，同时要注意避免选择低洼易积水的地段，以防止苗圃地积水导致草果幼苗烂根。

三是气候条件适宜草果生长，草果适宜在温暖、湿润的环境中生长，一般要求年均气温在15～20℃。选择地势较为平坦的地块或缓坡作苗圃地，便于管理和操作。

四是应选择在上层郁闭度为60%～70%、年均气温在15℃以上的常绿阔叶林下。也可采用人工搭建遮阳棚，使郁闭度在60%～70%，近几年多采用人工搭建遮阳棚育苗，效果较好，以坡度在5°～15°、排水良好的缓坡地为宜。

4.整地

整地是为了改良土壤，有利于种苗根系的生长。首先将苗圃地内的杂草、残枝等清理干净，以减少养分竞争和病虫害源，然后进行深翻，使土壤疏松透气，深度一般在

0.2 ~ 0.3m，打碎土块，拣去杂草根和石块后，使土壤充分细碎，平整土壤，便于播种和管理，根据土壤肥力状况，适量施入腐熟的有机肥或复合肥，以提高土壤肥力，为草果幼苗生长提供充足的养分。怒江州近几年在发展草果生产的过程中，积极推广在苗圃地内施有机肥，以培育出壮苗。经过加强移栽管理，种苗成活率达到90%以上。

5.起垄做苗床

苗床做成高床，土质易保持疏松，苗木出圃时比较容易连根拔起，且拔苗时断根较少。苗床宽1.0 ~ 1.2m，深0.15 ~ 0.20m，长度根据实际情况而定，以方便管理为宜，但最好不超过15m。在苗床底部铺设排水管道或设置排水沟，也可作为人行步道，宽0.3m，沟底至床面的高度为0.05 ~ 0.08m，太高则表层土容易干燥，灌溉时难以灌到苗床中间。

苗床管理注意事项：一是苗床应尽量选择在地势较高、排水良好的地方，避免积水；二是土壤要充分打碎、平整，确保苗床表面平整；三是在制作苗床的过程中，要注意保持土壤的湿度，避免过干或过湿；四是苗床之间要留有适当的通道，便于管理和操作；五是定期检查排水系统，确保正常运行。

6.做好遮阳措施

草果苗圃一般选择平整的地块，很少有天然的遮阳植物，而草果属于半阴生植物，要求郁闭度在60%～ 70%，特别是幼苗不能受阳光直射，所以要在苗圃地采取相宜的遮阳措施。最为常见的为搭建遮阳棚，经济、实惠又便于操作。

（1）材料选择。

遮阳网：常见的有黑色、银灰色等，要选择遮光率合适、耐风吹、耐腐蚀、质量好的遮阳网。

支撑杆：可以使用木杆、水泥桩、钢管或铝合金管等。

铁丝或绳索：用于固定遮阳网和支撑杆。

（2）搭建结构的设计。一般采用平棚式搭建或拱棚式搭建，平棚式搭建是将遮阳网直接覆盖在支撑杆上，拱棚式搭建是用遮阳网搭成弧形的棚顶，可增加稳定性。

（3）搭建步骤。

平铺式遮阳棚的搭建步骤：在苗圃地周边及苗圃地中均匀地钉上木杆、水泥桩、钢管或铝合金管等，高2m左右，以便田间劳作人员活动，且通风较好，间距3m左右，在杆与杆之间绑上铁丝，使铁丝呈网格状，杆不牢固之处需要支1根辅杆，让辅杆与支撑杆呈三角形，抵住支撑杆偏倒的一侧，然后拉上遮阳网即可（图3-5）。

拱棚式遮阳棚一般为单座拱棚，拱棚跨度为6m，长20m，高约2.5m，中间无立柱，单座占地面积120m^2。拱杆采用木杆、水泥桩、钢管或铝合金管等，拱杆间距0.8m；卡槽为热镀锌防风卡槽。搭建步骤：在拱棚两侧分别固定2道卡槽，一般是在棚肩稍下位置固定一道，再在离地80cm左右处固定一道；盖上遮阳网，并将遮阳网卡入卡槽内；拉好压膜线，接地部分可用泥土压实（图3-6）。为了确保结构稳固，需要检查并调整遮阳棚，特别是在风雨天气，以防止遮阳棚被风吹倒。

图3-5　平铺式遮阳棚

图3-6　搭建拱棚式遮阳棚

（4）注意事项。一要确保支撑杆安装牢固，避免在恶劣天气下倒塌；二要确保通风性，适当留出通风口，避免棚内过于闷热；三要确保定期检查，查看遮阳网和支撑杆的状况，及时修复或更换损坏的部分；四要确保高度设置，要考虑到植物的生长高度，避免遮阳棚过低，影响植物生长[2]。

7. 播种

冬季播种时间为11月底至12月中下旬，春季播种时间为翌年2月、3月。冬播的种子因采摘后未经过储藏，萌发能力强，播种后出苗率高，且生长整齐。春播的种子因储藏了2个月，经过清水浸泡3 ~ 5d催芽后出苗率才会高，出苗才整齐，但出苗时间会延长（图3-7）。

图3-7 草果播种过程

播种方法主要有撒播和条播2种，可根据苗圃地的情况和播种技术水平而定。

撒播一般是把种子均匀地撒在苗圃地的苗床上，然后用细土覆盖种子，土层厚度为0.01 ~ 0.02m。覆盖的土层要掌握好厚度，不能太薄，也不能太厚，太薄则表层土容易干燥，影响种子吸水发芽，太厚则种子发芽后幼苗难以出土。盖土后勿深锄，否则会影响种子出芽。在有条件的情况下，播种覆土后可在苗圃覆盖一些稻草或锯末等，以减少水分蒸发和保持土壤疏松。

条播是视土壤的干湿情况，把苗圃地整理成高床或平床的畦面，将种子播于畦。畦宽1.0 ~ 1.3m，畦长视地形而定，一般以方便管理为宜，但不要超过10m，畦与畦之间留0.3 ~ 0.4m作人行道，苗圃周围应挖排水沟以防洪、排涝。播种时按0.05 ~ 0.06m的距离开条播沟，种子间的距离为0.02m，种子播下后，覆土不宜过厚，土层厚度为0.01 ~ 0.02m，种子不露出土面，冬季温度较低地区可在苗床上盖1层塑料薄膜或稻草以保温、保湿。播种量一般为每亩7.5 ~ 10.0kg，如出苗率达60%~ 80%，则每亩可出苗50 000 ~ 80 000株，1亩苗圃地所产种苗可供150 ~ 200亩地种植。

有条件的地区可采用育苗塑料薄膜小拱棚，小拱棚的大小根据苗床而定，保温、保湿，有利于出苗，出苗后需打开小拱棚两端的薄膜，便于通风。不管是撒播还是条播，播种后都要浇透水，最好采用雾状喷灌方式，挖好排水沟或建好排水系统，避免长期积水缺氧，导致植株生长不良。

8.苗期管理

灌水（浇水）、除草、间苗、追肥、病虫害防控、遮阳棚维修是苗期管理的基本措施。

适时灌水（浇水）：根据土壤墒情和天气情况而定，苗圃地上搭建遮阳棚，具有一定的保湿作用，不需要经常灌水（浇水）。如遇连续晴朗强光天气，土壤表土干燥层达0.5cm时，可5 ～ 7d灌（浇）1次水，水浸湿苗床表层土壤即可，如是浇水，就必须将水浇至浸入苗床土壤3cm左右，应注意观察，合理浇水，避免干旱或积水。

适时除草：及时清除杂草，避免杂草与草果种苗争夺养分，除草要遵循“除早、除小、除了”的原则，不能等到杂草根深叶茂时才除，此时除草会将草果种苗也一并带出，影响出苗率，且除草时不能使用除草剂，除草剂会伤苗及造成污染，一般情况下采用人工拔除的方式进行。适时检查杂草情况，发现有杂草长出就立即拔除，根据经验，每年需要除草4 ～ 6次，第一次除草大约在草果种苗出土后10d，这时草果种苗刚出土，除草时应十分注意，不能带出草果小苗；第二次除草大约在第一次除草后20d；第三次除草大约在第二次除草1个月后。具体除草时间应根据杂草的生长情况来定。

间苗：主要目的是淘汰劣苗，合理调节种苗的密度，保证壮苗能及时获得足够的养分，从而得到更多的优质种苗。一般播种40d以后开始出芽，3个月左右出苗率可达到70%，苗高约10cm时，应根据苗木生长情况，拔出过密的幼苗，保持每亩产合格苗在4万～ 6万株。经过苗期管理，1年以后苗高可达35cm，1年半后苗高可达60cm以上，这时便可出苗圃移栽。未达上述高度的种苗，可分别视情况进行处理（留床或剔除），达到上述高度的壮苗可随取随栽。实践证明，1年半至2年的苗种植成活率高，投产早，效益高。

追肥：根据土壤肥力状况和苗木长势进行追肥。如苗圃地土壤肥沃且草果苗长势较好，就不用追肥；如苗圃地土壤贫瘠，幼苗长势较弱，就要及时追肥，但要注意在苗木出圃前半年内停止追肥，否则会导致种苗组织不充实，幼苗徒长，移植后成活率低。追肥在除草后进行，每亩每次用10kg复合肥和2kg尿素，掺混均匀后撒施在苗床面即可。每年结合除草追肥2次，4月1次，6月1次[3]。

病虫害防控：在新建的苗圃地里，草果苗期病虫害发生较少，进入夏季后高温多雨，小蜗牛、鼻涕虫、叶枯病、锈病、白粉病、霜霉病、疫病、炭疽病、褐斑病等病虫害高发，需及时进行药物预防性防控，一般在播种前采用70%五氯硝基苯进行土壤消毒；在幼苗出土后用1 ： 1 ： 120的波尔多液预防；如发现发病症状，就用吡唑醚菌酯、恶霉灵等进行防控。吡唑醚菌酯是一种新型广谱甲氧基丙烯酸酯类杀菌剂，通过抑制线粒体的呼吸作用，最终导致细胞死亡，具有保护、治疗、叶片渗透传导作用，同时能诱变作物生理现象，如提高对氮的吸收能力，从而促进作物快速生长。虫害以小蜗牛、鼻涕虫、钻心虫较为常见，危害草果的茎部、叶片，一旦发现，可用50%杀螟松乳油稀释800 ~ 1 000倍喷施。在草果苗期要注意观察，发现病株及虫害就要及时处理，防止病虫害蔓延，这样才能有效防控病虫害，否则病虫害一旦蔓延，喷再多的药都难以控制。

遮阳棚维修：遮阳棚搭建一段时间后，经过风吹日晒及受人为和畜禽影响，会经常出现破损的情况，要适时检查，一旦发现破损情况，就要立即修缮，以防止出现大面积破损或垮塌，损伤苗木，造成经济损失[3]。

9.苗木出圃

草果苗木出圃需要满足一定的条件，一般来说，苗高30 ~ 50cm，茎秆较粗，直径最好在1cm以上，茎秆基部带1 ~ 2个饱满芽即可出圃（图3-8）。出圃前5d左右灌透1次水，让苗木充分吸收，其主要目的是灌水后土壤更松软，起苗时能携带一些泥土，根系也较完整。灌透水后，需要请相关部门的检疫人员到实地对苗木进行检疫，检疫合格后才能出圃。出圃包装一般为50株1捆，用包装带或布带在茎基部和中部各绑一道，松紧要适度。搬运时轻拿轻放，避免人员踩踏。远距离运输时必须用篷布遮挡阳光，防止阳光直射和风吹使苗木脱水，导致移植后成活率降低。

图3-8　适宜移栽的草果苗

（二）无性繁殖

无性繁殖也叫无配子繁殖，是一种亲体不通过性细胞而产生后代个体的繁殖方式，主要通过分裂、分化、萌发等方式，直接或间接地形成新的个体。目前草果无性繁殖有分株繁育和组织培养繁育2种。

1.分株繁育

分株繁育是挑选长势优良、健康的母株的分生茎繁育种苗的方式，用此法繁育的种苗遗传背景单一，能保持母株优良性状，且耗时短、见效快、方法简单。分株繁育主要是以草果植株的直立茎连同其茎基部的一部分根状茎和须根为种苗。草果分株繁育是目前草果繁育的主要方式。

（1）分株良种选择。选择已种植5 ~ 10年，草果香味浓郁、颗粒饱满、果形大，结果率高，形状好、叶芽饱满且生长旺盛，直立茎多，无病虫害，且每根茎秆上带有2 ~ 3个叶芽的草果丛，作为分株繁育的母株。在母株上选择带有2 ~ 3个饱满叶芽的1 ~ 2株直立茎为一丛进行分株，分株时会产生伤口，最好使根状茎上只有一边有伤口，即从最新的直立茎的基部横走茎（根状茎）处往里切割以减少创口，减少对植株的伤害。分株一般在春季阴雨天进行。分株时用锄头或砍刀从直立茎基部切取0.2 ~ 0.4m长的一段根状茎，并将直立茎的上部（约留下0.5m）切去，削成斜口。在运送分株苗的途中，要严防损伤或碰断叶芽，以保证植株在新根系生长以前保有一定的营养和水分。分株移植时要在植株上标记好原来的生长方向，根据原生长方向栽培，主要是因为草果虽是半阴生植物，但对光也有一定的反应，植株在不同方向上有不同的生态习性，违反这一习性，往往会推迟草果的结果时间，这种现象叫“反山现象”。

（2）分株种植规格。将母株带根和芽一起挖出，如能带一部分根土为更好，挖出后在离根部0.3 ~ 0.5m处截短茎，去除上半部分的茎和叶，以保留根部的营养，减少水分蒸发，提高成活率。分株苗移栽时，种植塘的间距为2.5m × 3.0m或2.5m × 2.5m，塘的规格为0.5m × 0.5m × 0.3m，每塘栽1 ~ 2株，移栽时将根和须根埋入土中（图3-9）。

（3）分株种植规范。3—8月都可以进行分株定植，以早春3—5月春雨来临时为最佳，此时地温和气温开始回升，草果芽开始萌发，定植成活后地茎部的叶芽萌发，有较长的生长时期。春季干旱的地区，也可在夏季雨季来临时定植。每塘定植分株苗1 ~ 2株，如是2株，塘内两株间隔0.1m左右。每株分株苗放入塘内距地表0.08 ~ 0.10m处，按原生长方向护正，用细土或腐殖土覆盖，然后用手将土压实压紧，防止风吹后倒伏。定植后务必充分浇足定根水。以提高成活率，减少补植补种工作，使种植的草果园地尽快成林。

分株苗繁殖、生长速度较快，2 ~ 3年就能形成群体并开始开花结果，4 ~ 7年便可进入盛果期，效果显著，收益大。但由于种苗来源困难，在盛产的草果园多挖苗会使单位产量下降，且运输条件受限制，植株经长途运输后失水引起萎蔫，成活率低[4]。

图3-9 分株种植

2.组织培养繁育

组织培养繁育是基于植物细胞具有分化全能性的原理，利用植物体离体的器官，如根、茎、叶、茎尖、花、果实等的组织（如形成层、表皮、皮层、髓部细胞、胚乳等）或细胞（如大孢子、小孢子、体细胞等）以及原生质体，在无菌和适宜的人工培养基中及光照、温度等人工条件下，诱导出愈伤组织、不定芽、不定根，最后形成完整的植株的一种繁育方式。其优点是克服传统繁殖技术出芽率低、育苗时间长、种源杂乱的缺点，并能提高增殖系数，最大限度地保持母本的优良性状（图3-10）。

（1）草果组培技术前景。截至2023年年底，怒江草果种植面积达111.45万亩，挂果面积52万亩，鲜果年产量约4.75万t，年产值突破15亿元，产量及种植面积均占全国55.7%，是我国草果核心产区和云南最大种植区，是当地群众增收的支柱产业，但长期以来普遍存在品种混杂、结果率不高、种苗质量差、抗病性弱等问题，为了做大做强怒江草果产业，亟待依托现代科技，改变传统种植生产模式，不断创新，找寻新方法、新科技。

图3-10 草果组培苗

组织培养技术是近年发展起来的比较成熟的一项无性繁殖新技术，在生产上的应用较为广泛，具有培养周期短、可培养脱毒种苗、保持母株的优良性状、可短时间内大量繁殖等优点，适用于怒江草果优质种苗的应用推广。

（2）组培前准备。

组培车间的设计：组培车间应包括准备室、药品室、培养基配制室、灭菌室、洗涤室、更衣室、接种室、培养室、炼苗室等，根据生产工艺流程（生产流水线）有序排布。接种室和培养室应防潮、隔热保温、保持清洁，定期进行环境消毒。组培车间周边环境应干燥、安静、通风透光、空气清新。

仪器设施：加强设施建设是组培车间健康运行的关键，仪器设施应包括高压灭菌器、紫外灯、臭氧发生器、电子天平、pH计、冰箱、微波炉、超净工作台、微量移液器、接种器具（电热杀菌器）、石英玻璃珠、枪状镊子、手术刀柄及刀片、切割碟子、温度计、光照培养箱、培养架（包括LED灯）、调速振荡器、组培瓶、试管、盛装器皿（烧杯、试剂瓶等）、计量器皿（量筒、容量瓶等）以及其他常用消耗品等。

（3）外植体的选取与消毒。

外植体的选取：选择生长健壮、无病虫害的草果植株茎基部嫩叶、嫩茎、叶芽或花芽幼嫩茎段作为外植体。

外植体的清洁：先将外植体剪成2 ～ 3cm长，置于自来水下冲洗1h后，用肥皂液涮洗10min后用清水冲洗2 ～ 3次至无肥皂液残留，最后再在自来水下冲洗1 ～ 2h。

外植体的消毒：将洗干净的外植体用75%酒精消毒20s，无菌水冲洗3次，再用8%过氧化氢消毒12min，无菌水冲洗3 ～ 4次，最后用0.1%升汞加2滴吐温-80消毒10min，无菌水冲洗8次，也可用浓度为0.02%的高锰酸钾溶液浸泡10min，再用自来水冲洗干净，然后在无菌工作台内用质量分数为0.1%的升汞溶液灭菌5min，无菌水冲洗5 ～ 6次，最后用无菌滤纸吸去外植体表面水分。将无菌叶片切割为1cm^{2}小块。

（4）培养基配制及组织培养流程。配制用于植物组织培养的培养基前，需要先根据各组分性质，配制浓度较大的培养基母液（母液浓度为培养基浓度的若干倍，如50倍或100倍），以后配制培养基时根据用量，量取混合而成。之所以需要配制母液，是因为培养基成分较多，不少成分用量较少，如果每配制一次便称量各种药品，不仅会造成较大的称量误差和系统误差，而且十分麻烦，会增加工作量，配制母液可使培养基配制既方便又准确。

通常将培养基配制成较高浓度的母液，大量成分母液通常为原培养基浓度的20倍、50倍或100倍，倍数不宜过高。母液一般放在4℃冰箱内保存，在存放使用期间，如果出现浑浊（由微生物污染引起的有机成分浑浊）或沉淀，需要重新配制。以下就MS培养基的配制进行示例说明（表3-1）。

表3-1　MS培养基母液及培养基配制

母液名称	化学药品名	原液量／（mg/L）	扩大倍数	母液称取量／g	母液体积／mL	配制1L培养基需吸取母液量／mL
大量成分母液	硝酸钾	1 900	50	95	1 000	20
	硝酸铵	1 650		82.5		
	硫酸镁	370		18.5		
	磷酸二氢钾	170		8.5		
钙盐母液	氯化钙	440	50	22	1 000	20
微量元素母液	硫酸锰	22.3	100	2.23	1 000	20
	硫酸锌	8.6		0.86		
	硼酸	6.2		0.62		
	碘化钾	0.83		0.083		
	钼酸钠	0.25		0.025		
	硫酸铜	0.025		0.002 5		
	氯化钴	0.025		0.002 5		
铁盐母液	硫酸亚铁	27.8	100	2.78	1 000	10
	Na_2-EDTA	37.3		3.73		
有机成分母液	甘氨酸	2.0	100	0.2	1 000	10
	盐酸硫胺素	0.1		0.01		
	盐酸吡硫醇	0.5		0.05		
	烟酸	0.5		0.05		
	肌醇	100		10		

①大量成分母液：配制大量成分母液时，经常将氯化钙单独配制保存，以免因长期储存而发生沉淀。若需要将全部药品配制在一起，为防止在混合时发生沉淀，须在各药品充分溶解后按表3-1中的化合物出现顺序混合，氯化钙最后加入，以免与硫酸镁形成沉淀。所有药品称量溶解后，在1 000mL容量瓶中定容，然后移入磨口瓶中，贴上标签，置于普通冰箱（4℃）内储存。

②微量元素母液：配制微量元素母液时，由于培养基中微量元素用量甚微，浓度为0.000 1 ～ 0.1mg/L，所以母液浓度宜为原培养基浓度的100倍。一般将微量元素分别称量溶解，定容在1 000mL容量瓶中后，储存在一个细口瓶中，也可分别配制，单独储存在棕色瓶中。配好后，贴上标签，储存于4℃冰箱内。

③铁盐母液：培养基中的铁盐母液一般单独配制。目前常用的铁盐为硫酸亚铁和乙二胺四乙酸二钠的螯合物。称取乙二胺四乙酸二钠3.73g、硫酸亚铁2.78g，分别溶解（可加热），然后混合定溶于1 000mL容量瓶中，转入细口瓶，贴上标签，储存于4℃冰箱内。

④有机成分母液：配制氨基酸和维生素等有机成分母液时，母液浓度通常为原培养基浓度的50倍（或100倍）。常用的氨基酸和维生素为水溶性物质，可用蒸馏水溶解，但要先用少量稀碱或稀氨水溶解，然后再用重蒸馏水定容。配制好后，转入细口瓶，贴上标签，储存于−20℃（或4℃）冰箱中。

⑤植物生长调节剂母液：配制6-BA（100mg/L）母液时，准确称取10mg 6-BA，用少量1%稀盐酸溶液溶解，然后定容至100mL，KT母液配制同6-BA母液。配制2,4-D（100mg/L）母液时，准确称取10mg 2,4-D母液，先用少量1mol/L氢氧化钠溶液溶解，再加水定容至所需体积（100mL），NAA和IBA母液配制方法同2,4-D母液。当配制培养基时，若每升培养基需添加6mg 6-BA，则取1mL 6-BA（100mg/L）母液定容在100mL容量瓶中，将6-BA母液稀释至1mg/L，之后取6mL稀释后的6-BA溶液（1mg/L）加入预计配制1L的培养基中使用。

⑥MS组培培养基配制：取MS培养基粉剂5g（不含琼脂和蔗糖）、蔗糖30g、6-BA溶液6mL、2,4-D溶液1mL，溶于1L纯水中，再加入琼脂粉5g（可最后边加热煮沸边加入），加热煮沸至完全溶解。以一定浓度稀盐酸、氢氧化钠溶液调节pH至5.8 ～ 6.2。培养基转入100mL锥形瓶，每瓶倒40 ～ 60mL，以耐高温组培封口膜密封，121℃灭菌20min。

培养基冷却凝固后，在超净工作台中将灭菌消毒后的外植体接种至培养基中培养，操作全程在酒精灯火焰旁进行，防止染菌。使用初代诱导培养基［WPM+NAA（0.01 ～ 0.05mg/L）+6-BA（8.0 ～ 10.0mg/L）+活性炭（0.5g/L）］进行初代诱导培养，在温度为25 ～ 28℃的环境下培养，前15d为暗培养，后45d以光照强度2 000 ～ 3 000lx、单日光照时间12h进行光暗交替培养，在培养过程中，外植体逐渐形成愈伤组织。在初代培养后，使用继代增殖培养基［MS+6-BA（2.0 ~ 3.0mg/L）+KT（5.0 ~ 6.0mg/L）+椰子水（50 ~ 100mL/L）］进行继代增殖培养，在温度为25 ~ 28℃、光照强度为2 000 ~ 3 000lx、单日光照时间12h的环境下培养，将愈伤组织转移到不定芽诱导分化培养基上，培养条件的调整可以促进不定芽的形成和分化。然后将增殖后的芽转移到生根培养基［1/2 WPM+NAA（0.5 ~ 1.0mg/L）+IBA（0.2 ~ 0.5mg/L）+多效唑（0.2 ~ 0.5mg/L）］上进行生根培养，在温度为25 ~ 28℃、光照强度为2 000 ~ 3 000lx、单日光照时间12h的环境下培养，促进芽的生根和生长；在正常室内培养，室温为23 ~ 26℃。每7d进行观察并记录生长情况，培养60d，芽生长良好。

最后将生根的植株进行移栽和驯化，使其适应外界环境，逐渐成长为健康的植株。组培需要在无菌条件下进行，操作过程中要注意保持无菌操作，以避免污染和失败。在组培育苗的过程中，需要注意保持培养环境的清洁和无菌，以避免污染和病虫害的发生[5]。

（5）草果组培苗的移栽驯化及日常管理。整地是为了改良土壤，有利于种苗根系的生长。首先将苗圃地内的杂草、残枝等清理干净，以减少养分竞争和病虫害源；随后进行深翻，使土壤疏松透气，深度在0.2 ~ 0.3m，打碎土块，拣去杂草根和石块后，使土壤充分细碎，平整土壤，使苗圃地表面平整，便于播种和管理，田园土、椰糠和泥炭土按重量比例5 ： 2 ： 3做好混合基质。然后做苗床，苗床宽1.0 ~ 1.2m，深0.15 ~ 0.20m，长度根据实际情况而定，以方便管理为宜，但最好不超过15m。在苗床底部铺设排水管道或设置排水沟，也可作为人行步道，宽0.3m，沟底至床面的高度为0.05 ~ 0.08m，太高则表层土容易干燥，灌溉时难以灌到苗床中间。保持苗圃整洁和卫生，创造良好的生长环境（图3-11）。

图3-11　草果组培苗移栽驯化

草果苗圃一般选择平整的地块，很少有天然的遮阳植物，而草果属于半阴生植物，要求郁闭度在60%～70%，特别是幼苗不能受阳光直射，所以要在苗圃地采取适当的遮阳措施。最为常见的为搭建遮阳棚，经济、实惠又便于操作。遮阳棚可分为平棚式遮阳棚和拱棚式遮阳棚。

移栽时保持组培苗根系完整，合理密植，避免过于拥挤，移栽后及时浇水，保持土壤湿润，注意遮阴，避免阳光直射对幼苗造成伤害。根据土壤墒情和天气情况，适时适量灌溉，确保排水系统良好，避免积水。定期巡查苗圃，及时发现病虫害迹象就立即采取防控措施，最好使用生物防控或低毒农药进行防控。

移栽驯化步骤：用清水洗净生根苗基部的培养基，将质量分数为70%的甲基托布津溶液稀释2 000倍液作为定根水，然后定植到混合基质（田园土、椰糠和泥炭土的重量比例为5：2：3）中；浇足定根水，同时按40kg/亩在叶面喷施水杨酸10～15mg/L和多效唑20～30mg/L；移植后10d，按40kg/亩在叶面喷施水杨酸45mg/L和赤霉素8mg/L；移植后30d，按40kg/亩在叶面喷施硫酸铵0.4g/L、磷酸二氢钾0.1g/L、海藻酸0.7g/L、油菜素内酯0.06mg/L及萘乙酸65mg/L；移植后45d，按40kg/亩在叶面喷施硫酸铵1.5g/L、磷酸二氢钾1.0g/L及海藻酸2.5g/L；然后每隔10d，按40kg/亩在叶面喷施硫酸铵1.5g/L、磷酸二氢钾1.0g/L及海藻酸2.5g/L，在整个过程中保持湿度在70%～80%，遮光率为40%，7d后增加光照，中午12：00前拉开遮阳网，中午12：00后盖上遮阳网，湿度控制在50%～60%,15～20d后，按照自然条件管理。除冬季外，其他季节都能驯化炼苗，经30～40d的驯化炼苗，成活率达62%。

驯化草果组培苗时最好采用由田园土、椰糠和泥炭土按比例制成的混合基质，因其能最大程度地解决草果地下部空气与水分的矛盾，使草果组培苗接受驯化时基部有足够的水分供应，同时不会因为水分过多而缺氧，不会使草果组培苗在接受驯化时出现烂根情况。在驯化草果组培苗时喷施一定浓度的水杨酸和多效唑，可将苗的成活率提高至97%及以上，其机理可能为水杨酸及多效唑能诱导草果叶片的气孔关闭，最大程度地避免由气孔完全开合造成的苗脱水；添加一定浓度的赤霉素，其在草果苗期可与多效唑形成拮抗作用，解决前期因使用多效唑造成的苗过度矮化、叶片不能展开、新芽分蘖少等问题；添加一定浓度的油菜素内酯以及萘乙酸，可最大程度地促进芽的分蘖，使苗快速生长，并能最大程度地促进毛状根快速生长；添加一定浓度的硫酸铵、磷酸二氢钾以及海藻酸，可为草果组培苗的后期生长提供充足的营养。

移栽驯化是将组培苗从培养室转移到温室或室外环境中，使其逐渐适应自然光照、温度和湿度条件的过程，其间提供适当的遮阴条件，避免强光直射，随着苗的生长逐渐增加光照强度。在炼苗初期，应保持适宜的温度和湿度，避免极端的温度和干燥环境对苗产生影响，同时根据苗的生长情况适时浇水和施肥，提供足够的养分支持，定期检查苗的健康状况，及时防控病虫害，让其适应在自然环境中生长。

草果组培苗苗圃常见的病虫害有立枯病、叶斑病、疫病、螟虫等。具体表现和防控方法如下。

立枯病：发病时，病株茎部会出现褐色病斑，逐渐扩大后导致植株枯萎。可将病株拔除，在周围撒施石灰粉消毒杀菌；幼苗出土后，用波尔多液预防，或用50%多菌灵1 000倍液浇灌，也可用65%代森锌600倍液喷雾防控。

叶斑病：主要危害草果叶片，叶片上会出现圆形或椭圆形的褐色病斑。发病初期，使用春雷霉素400倍液、多菌灵800倍液或用易保1 000倍液加新高脂膜500倍液喷雾防控。

疫病：主要危害草果的茎、叶和果实，会导致植株腐烂。用百菌清600倍液、易保500倍液、春雷霉素400倍液喷雾防控。

螟虫：主要危害草果的茎部，会导致植株枯黄。发现钻心苗应及时拔除，并用50%杀螟松乳油800 ~ 1 000倍液防控。

（6）草果苗出圃。草果组培苗经过移栽驯化，苗高45cm左右，基部带有1 ~ 2个芽，植株健壮、发育良好、生长旺盛、无病虫害，并通过相关检疫部门检疫合格后，即可起苗出圃，起苗时间一般在9—10月或翌年2—3月，最好在雨天进行，起苗后必须在3d内定植到大田中，一般定植15d后便会成活，起苗时应尽量保持根系完整，以带一部分根土为最佳，避免对植株造成过度伤害，影响大田定植的成活率。起好的苗要进行浸泡处理，将草果苗的根部浸泡在水中，使其充分吸收水分，提高根系的活力，同时要进行消毒处理，防止感染病虫害。需要注意的是，不同的处理方法可能会对草果苗的生长产生不同的影响。在实际操作中，应根据当地的气候条件、土壤状况和种植需求等因素进行综合考虑，选择合适的处理方法。同时，在种植过程中，还需要注意保持土壤湿润、提供适当的遮阴和施肥等，以确保草果苗健康生长。包装时避免损伤根系和茎叶，保证运输过程中的稳定性。记录好组培苗的来源、起苗时间、质量等基础信息，以备后续对草果进行追根溯源。

草果组培苗的出圃包装和运输需要注意以下9个问题。

一是出圃包装应选择具有良好的透气性和排水性，与草果组培苗大小相适应的容器，如育苗盘、塑料盆等，以供应足够的氧气。二是要做好基质准备，使用疏松、透气、保水性好的基质，如腐叶土、珍珠岩、蛭石等，在包装前使基质湿润，但不要过于潮湿。三是要处理好苗株，小心地将草果组培苗从培养容器中取出，避免损伤根系，如果需要，可以对根系进行适当修剪。四是将草果组培苗放入容器中，填充基质，确保苗株稳固，可以使用保鲜膜或塑料袋包裹容器，以保持湿度。五是做好标签标注，在包装上标注草果组培苗的品种、出圃日期、数量等信息。六是在运输过程中应尽量保持适宜的温度，避免过高或过低的温度对苗株造成伤害。七是可以使用保湿材料，如湿纸巾、海绵等来保持湿度，确保草果苗的水分含量。八是避免挤压，在运输过程中，要避免草果组培苗受到挤压，以免损伤苗株，可以使用合适的包装材料和填充物来固定苗株。九是尽量缩短运输时间，以减少苗株在运输过程中的应激反应[6]。

总之，草果组培苗的出圃包装和运输需要细心操作，确保苗株的质量和成活率。在实际操作中，可以根据具体情况采取适当的措施，以满足草果组培苗的运输要求。

三、灌溉施肥技术

（一）草果的水分需求特点

草果喜湿润，怕干旱，最适宜在空气相对湿度70％～85％，年均降水量1 000～1 600mm的环境条件下生长，草果在整个生长发育过程中都需要较高的土壤含水量和空气湿度，土壤过于干燥，极易导致植株枯萎[7-8]。草果的水分需求特点主要包括以下4个方面。

1.适度湿润

草果喜欢生长在湿润的环境中，保持土壤、空气的适度湿润有助于草果的生长和发育。

2.怕干旱

草果具有一定的耐旱能力，但长期干旱会影响其生长和产量。在每年的干旱季节，需要适当浇水灌溉以维持土壤湿度。

3.排水良好

草果的根系需要良好的排水条件，以免积水导致根部腐烂。应选择排水良好的土壤或采取适当的排水措施。

4.不同生长阶段的水分需求不同

草果在不同生长阶段，对水分的需求也会有所变化。

（1）苗期。苗期的草果根系较浅，生长较为缓慢，需要较多的水分。保持土壤湿润有助于幼苗的生长，但要避免过度浇水导致积水。

（2）生长期。随着草果植株的生长，对水分的需求不断增加。在生长旺盛期，充足的水分供应可以促进植株的生长和发育，缺少水分会严重影响草果的生长。每年春季来临，气温开始逐渐回升，植株也开始抽生花芽、叶芽，此时草果对水分要求较高，适当浇灌有利于花芽、叶芽的生长。

（3）开花结果期。开花结果期是草果生长的关键阶段，对水分的需求较大。适当的水分可以促进花芽分化和果实的发育，但也要注意避免水分过多，以免导致落花、落果。进入花期后，降水量会对草果产量产生直接影响。如遇气候干旱，会影响草果花和果实的生长，造成大幅减产，需要及时开沟引水或采用喷灌等方式进行灌溉。倘若开花结果期出现大量降雨，一方面，会大大缩短花期、影响昆虫活动，使花授粉不良，影响坐果；另一方面，花期连续降雨会导致出现落花烂蕾问题，此时可将周围的草割光，或由人工细心地清除花蕾周围的杂物，使其通风透光，以免嫩果腐烂。同时，应注意在整理地块时挖好排水沟，保证排水通畅，防止花蕾腐烂[9]。

（4）果实成熟期。草果进入成熟期后，对水分的需求逐渐减少，此时过度浇水可能会增加果实水分，进而影响果实的品质。

（5）采后生长期。在冬季草果成熟采收后，草果对水分的需求较低，可保持土壤适度干燥，以避免植株徒长，减小营养损耗。

5. 气候因素

气候条件也会影响草果对水分的需求。在炎热干燥的旱季，可能需要提高浇水频率，及时为草果补充水分；而在多雨季节和多雨的区域，要注意防止土壤过湿、积水。

（二）灌溉方式

草果一般生长在比较阴湿的环境中，对水分的需求较高，灌溉是草果种植过程中的一个重要环节。如果雨量过多，会造成烂花；反之，过于干旱，花易干枯，造成减产。因此，若遇干旱，有条件的应引水灌溉。草果一般有以下几种常见的灌溉方式。

1. 沟灌

沟灌是普遍应用于中耕作物的一种较好的灌水方式，是指在作物行间开挖灌水沟，水在灌水沟内流动并浸润土壤，从而实现土壤湿润的一种地面灌溉方式（图3-12）。技术要点如下。

图3-12　沟灌

（1）草果种植沟灌地的选择。沟灌宜选择在地势较为平坦或有一定坡度但较缓的地区，这样有利于水在沟内顺畅流动且均匀渗透，土壤质地适中、具有一定保水能力但又不至于过于黏重而导致水流不畅的环境尤其适合沟灌。在对灌溉精度要求不是特别高，成本低，且排列较为规整的区域，沟灌能较好地发挥作用。在水资源较多或相对不那么紧张，有较充足的水用于灌溉的情况下，沟灌是最适合草果种植的灌溉方式，能更好地实施和发挥效果。

（2）开沟设计。需全面综合考虑灌溉区域草果种植的行距以及土壤特性，精心细致地规划沟的位置，以确保其布局的合理性。一般来说，沟深宜保持在15 ～ 30cm，这样既能保证水可以充分浸润草果根系的主要分布层，又不会因浸润过深而对根系造成不必要的损伤；沟的宽度通常设定在20 ～ 40cm，以便容纳适量的水，且能使水流较为均匀地扩散。要根据地形、草果行距，科学、合理地设定沟与沟的间距，比如从草果的种植密度和需水特性等来看，间距在250 ～ 300cm较为合适。同时，要充分考虑土壤质地的差异，针对黏性土壤和沙性土壤等不同类型，在沟灌的具体操作细节上进行适当的调整和优化。对于黏性土壤，沟的深度可适当浅一些，水流速度宜慢些；对于沙性土壤，则需要适当增加灌水量和灌溉次数，以保证水分有效留存。

（3）灌溉时机。精准且恰当地把握灌溉的时机至关重要。通常选择在草果进入需水关键期，特别是在草果的开花结果期灌溉，要确保空气湿度在70%～ 85%、土壤含水量在20%～ 30%，如发现土壤含水量出现明显下降，降至接近指标下限时进行灌溉。

（4）水量控制。必须严格、精确地把控灌入沟内的水量，使之达到适度的标准。水量既要充分满足草果在生长阶段的需求，又不能因过多而造成水资源的无端浪费或引发其他不良影响，如导致土壤板结或水土流失等。具体来说，可根据草果不同生长时期需水量、土壤持水能力等指标进行综合考量。

（5）水流速度。在灌溉过程中要维持水流平稳且速度适中，避免流速过快冲毁沟壁或导致土壤被过度侵蚀，破坏土壤结构和草果根系环境。可通过合理调节进水口的大小或采用适当的限流措施来实现水流速度稳定。

（6）沟内清理。要定期对沟内进行清理，及时清除杂物、淤泥等阻碍物，以保证水流畅通无阻，灌溉顺利进行。可每隔一段时间，比如每隔一周或在每次灌溉前后，对沟内进行细致的检查和清理，确保无明显的杂物堆积和淤泥沉淀。

（7）灌溉时长。根据草果生长的特性，可长年进行慢灌，以增强土壤透气性和保水性，促进草果根系生长。

（8）灌后管理。灌溉后要密切关注草果的生长反应，通过细致的观察来及时调整后续的灌溉方案，使其更契合草果的生长需求和实际情况。观察草果的叶片状态、生长势等指标，以便根据需要对灌溉参数进行微调。

沟灌是一种传统且较为常见的地面灌溉方法。沟灌的水流较小，不会对土壤结构造成太大破坏，有利于保持土壤的稳定性和肥力，同时可以更好地控制土壤中的水分，有助于调节土壤中的空气和养分状况，为草果提供良好的生长环境，通过合理规划和实施，可以在一定程度上满足草果生长对水分的需求，同时在一些情况下具有操作相对简便、成本相对较低等特点。

2.喷灌

喷灌是指借助水泵和管道系统，或利用自然水源的落差，使水通过喷头或喷嘴射至空中，散成小水滴，以雨水状态或形成弥雾降落到植株根部周围的灌溉方式。

在草果种植管理中，喷灌方式有很多种，如固定式低位喷灌、高位重锤吊挂式喷灌和高位旋转式喷灌等。

材质选择：对于喷灌来说，喷灌设施材质很关键，必须选择耐腐蚀性强和抗堵塞性能好的材料。主要材料就是管道，选择管道材质时，需要考虑水压、耐用性、耐腐蚀性等因素。一般来说，聚氯乙烯（PVC）管道具有价格低廉、安装方便等优点，但耐腐蚀性和柔韧性较差；聚乙烯（PE）管道具有良好的柔韧性和耐腐蚀性，但价格相对较高。喷头一般以PE、PVC等材料制成，根据灌溉需求和水压来选择，在草果种植实践中常见的主管管径规格为75mm、63mm、50mm，支管管径为20mm、25mm、32mm等。

区域选择：一是选择地势较为平坦的区域，避免坡度较大的地形，以确保喷灌水能均匀分布；二是选择土壤质地较好、透水性适中的地区，避免土壤过于黏重或疏松，影响喷灌效果；三是确保喷灌地附近有稳定的水源供应，且水质符合喷灌要求。

喷头出水量：10 ~ 50L/h，具体取决于喷头的型号和工作压力。

辐射面积：1 ~ 15m^2，同样取决于喷头型号和工作压力。

使用年限：喷灌设备的使用年限一般在5 ~ 15年，具体取决于设备的质量、使用环境和维护情况等因素。如果设备得到良好的维护和管理，使用年限可以更长。

优缺点：喷灌可以控制喷水量和保持均匀性，避免产生地面径流和深层渗漏损失，使水的利用率大为提高，一般比地面灌溉节省水量30% ~ 50%，省水还意味着节省动力，降低灌水成本。喷灌可以大量节省人工浇水的劳动力，喷灌还可以实现水肥一体化，省去不少劳动量，据统计，喷灌所需的劳动量仅为地面灌溉的1/5。喷灌无须田间的灌水沟渠和畦埂，比地面灌溉更能充分利用耕地，提高土地利用率，一般可增加耕种面积7% ~ 10%。喷灌便于严格控制土壤水分，使土壤湿度维持在最适宜草果生长的范围内。喷灌不会对土壤产生冲刷等破坏作用，从而保持土壤的团粒结构，使土壤疏松多孔，通气性好，有利于增产，特别是在干旱年份，增产效果较为明显。喷灌对各种地形适应性强，不需要像地面灌溉那样整平土地，在坡地和起伏不平的地面均可进行喷灌。

草果种植带内土层薄、透水性强的沙质土，非常适合采用喷灌。喷灌所需投资大，费用在20 ~ 50元/亩；受风速和气候的影响大，风速大于5.5m/s时（相当于4级风），就能吹散雨滴，降低喷灌均匀性，在气候十分干燥时，水分蒸发损失增大，也会降低效果。

（1）固定式低位喷灌。固定式低位喷灌是指利用水源与地势的落差，主管道直接连接支管，按一定的间隔固定好支管，在支管上直接安装喷头进行喷灌的一种方式（图3-13）。

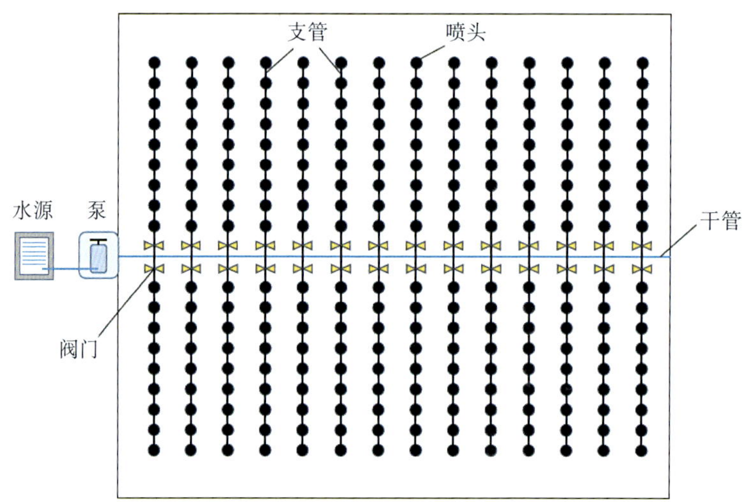

图3-13　固定式低位喷灌设备结构

技术要点：在草果种植区的上方建设1个15 ~ 30m^{3}的水池或水泵，利用主管引流水池或水泵中的水，间隔一段距离接1根支管，接支管的间隔按地形、面积、水流量来设置，在草果种植中一般为3 ~ 6m接1根支管，在支管上间隔1.8 ~ 2.0m安装1个喷头，依次进行，所有管道都应该露出在地表面，以防生产时造成不必要的损坏[10]。

（2）高位重锤吊挂式喷灌。高位重锤吊挂式喷灌是一种以重锤吊挂的方式布置灌溉装置的节水灌溉技术（图3-14）。

技术要点：在草果种植中，高位重锤吊挂式喷灌最适合用于大棚草果育苗，以育苗大棚的骨架为引水管支管的支撑架，将支管按需要排放在支架上，再用接有重锤的喷头吊挂在支管上进行喷灌。

在系统组成方面，由微喷头、防滴阀、重锤、毛管、双倒钩等部件构成一个完整的重锤吊挂式喷灌系统。吊挂喷头在倒置安装的情况下必须加装防滴器，以杜绝停喷后管道中充水，出现滴漏而伤苗的现象。同时，由于对水质有一定要求，所以需要在大棚出水口安装合适的过滤器。正常实现出水需要有适宜的压力，因此要确保水源压力并选择匹配的水泵。喷头的选择也至关重要，必须选择耐腐蚀和抗堵塞的，安装360°旋转式喷头的效果较理想。

图3-14　高位重锤吊挂式喷灌

在灌溉管理上，需要准确掌握灌溉的时间和压力，并且注重对系统的日常维护和清洁工作，这样可以延长系统的使用寿命。关于吊挂的高度，通常需要根据草果的生长高度、种植密度以及灌溉需求等因素来综合确定，一般会将其吊挂在距离草果植株适当的上方位置，既要保证能够均匀、有效地灌溉到草果植株的各个部位，又要避免距离过近影响植株生长，合适的吊挂高度能更好地发挥其灌溉效果。

高位重锤吊挂式喷灌属于微喷的一种，具有3个优点：一是可大幅减少深层渗漏和地面蒸发，通常情况下比传统地面灌溉省水1/3 ~ 1/2，比一般地面喷灌省水15% ~ 25%。二是整个系统能够有效地精准控制每个灌水器的出流量，灌水均匀度可达80% ~ 90%。三是安装和使用都较为简单方便，能够节省大量劳动力。然而，高位重锤吊挂式喷灌也存在一些缺点：一方面，投资成本相对较高，需要一定的前期投入；另一方面，对水质要求较高，如果水质不佳，容易导致喷头堵塞。

(3) 高位旋转式喷灌。高位旋转式喷灌在草果种植中最为常见，是指将喷头安装在较高的位置，通过旋转喷头进行大范围喷灌的灌溉方式（图3-15）。

技术要点：高位旋转式喷灌主要利用草果种植地的坡度差形成水压，根据地形设置一定间距的主管，在草果种植实际中主管一般为75管或63管，大管道确保了引流的水量及压力，支管为20管或25管，用支撑杆固定支管，在固定好的支管上安装旋转式离心喷头，以扩大灌溉面积，因草果株高在3 ~ 4m，所以安装运管的高度要在4m以上，使喷头与植株有1 ~ 2m的距离，确保喷头旋转时不伤及植株。

高位旋转式灌溉通过喷头的旋转，可以实现较为均匀的灌溉，减少水分的浪费；可以覆盖较大面积的草果种植区域；可以根据不同的灌溉需求，调节喷头的旋转速度、角度和水量，可调节性强，安装简单。缺点是对水质要求高，容易堵塞；受风力影响大；水容易蒸发，特别是在干旱天气，效果不太理想。但目前仍是草果种植户最喜欢的一种灌溉方式。

图3-15　高位旋转式喷灌

3.滴灌

滴灌是利用塑料管道将水通过直径约10mm的毛管上的孔口或滴头送到作物根部，进行局部灌溉的一种节水灌溉技术。

滴灌具有节水效果好、精准灌溉、对土壤结构破坏小等优点，可以将水直接输送到作物根部，减少水分蒸发和渗漏，提高水分利用效率。此外，滴灌还可以减少杂草的生长和病虫害的发生。缺点是滴灌系统容易堵塞，需要定期清洗和维护。同时，滴灌系统的设备投资和运行成本相对较高，需要专业的技术支持和管理。滴灌系统主要适用于经济作物、蔬菜、花卉等精细灌溉作物，灌溉面积相对较小，一般在草果种植中很少使用(图3-16)。

滴灌的喷头出水量通常在0.5 ~ 5L/h，根据滴头的类型和规格而有所不同；每个滴头的辐射面积较小，通常在0.1 ~ 0.5m^2。使用年限相对较短，滴头和管道的使用年限一般在3 ~ 8年，如果设备得到良好的维护和管理，使用年限可以更长。因草果种植区坡度大，滴灌操作起来比较困难。

图3-16 滴灌

（三）草果的养分需求特点

养分是植物生长的必要条件之一，可以为植物提供所需的无机盐和有机物质，参与植物的生理活动，如光合作用、呼吸作用、合成作用等。不同的植物对养分的需求不同，有些植物需要较多的养分，有些植物则需要较少的养分。养分过多或过少都会影响植物的生长和发育。草果在土壤腐殖质含量丰富、土质疏松肥沃、养分充足的土壤中生长状态较好[11]。

草果对养分的需求有以下6个特点。

1.氮、磷、钾均衡

草果的生长需要氮、磷、钾等主要养分的均衡供应。其中，氮是植物生长所需的重要元素，对草果的茎、叶生长和光合作用起着关键作用；磷元素有助于根系发育和花芽分化、果实成熟；钾元素能提高草果的抗逆性和品质，促进果实增大。

2.微量元素不可或缺

除了主要养分，草果还需要适量的微量元素，如锌、硼、镁等对植株的生长发育、花芽形成和果实品质都有影响。

3.施用有机肥料有益于植株生长发育

施用有机肥料可以为植株提供丰富的养分，改善土壤结构和肥力，有利于草果的生长和根系发育。

4.不同生长阶段的养分需求不同

不同生长阶段的草果对养分的需求有所不同。

(1) 苗期。苗期需要充足的氮肥来促进幼苗的生长和发育。适量的磷肥和钾肥也有助于根系的形成和增强植株的抵抗力。

(2) 生长期。生长期草果对氮、磷、钾的需求较高，以支持茎、叶的生长和光合作用。此外，微量元素如锌、硼等对花芽分化和开花也有重要作用。

(3) 开花结果期。开花结果期需要增加磷肥和钾肥的供应，以促进花芽的形成和果实的发育。同时，保持氮、磷、钾的平衡，有助于提高果实的品质和产量。

(4) 果实成熟期。果实成熟期的草果对养分的需求相对较低，但仍需要适量的氮、磷、钾来维持植株的健康和促进果实的成熟。

(5) 采后生长期。在冬季草果成熟采收后，适当施肥有利于植株体内积累较多的养分，增强植株抗逆性，满足翌年春季萌芽开花的需要。若是幼龄期苗（定植1～3年），据其生长情况，需在冬季适当增施磷、钾肥或草木灰，以增强植株的抗寒能力，对于瘦薄贫瘠的土壤，则必须勤施、薄施农家肥、有机肥、复合肥等作养分补充。若是成龄期苗（定植3年后），土壤养分为供植株生长、开花、结果而被不断消耗，养分不足时需及时补施肥，在11—12月草果采收后，可每丛草果施腐熟干细农家肥3kg、钙镁磷肥0.25kg，补充腐殖土3～5kg，或每丛施用0.10～0.15kg氮磷钾复合肥。

5.土壤条件影响养分吸收

土壤可以为植物提供水分、养分、空气、微生物等。土壤的pH、肥力和通透性等都会影响草果对养分的吸收利用。因此，合理调节土壤条件对满足草果的养分需求、促进草果养分吸收至关重要。

6.注意根系养护

良好的根系发育对草果吸收养分至关重要。因此，在草果整个生长阶段都要注意保持土壤的疏松和透气性，以利于根系的生长。

（四）施肥措施

施肥是草果园管理的重要内容之一，合理的施肥措施可促进草果对氮、磷、钾、硼、锌、钼、镁等多种元素的吸收，可保证草果生长过程中所需的营养成分供应；可改善草果园土壤结构，提高土壤肥力、通透性、保水性和透水性；可增强草果的抗病虫害、抗逆境能力，促进草果植株叶芽、花芽的分化，提高结果率及结果量[12]。因此，在进行施肥作业前，要对草果园的土壤进行营养检测，检测土壤中的营养成分含量。通过科学合理的对比，再制定有效的施肥计划，以求达到最佳的管理效果[13]。

土壤营养诊断，一般可分为土壤化学养分分析和土壤物理分析。土壤化学养分分析主要是测定土壤中的氮、磷、钾、钙、镁等大量、中量以及微量元素的含量和可利用量，以及各元素的性质，土壤物理分析主要是测定土壤的物质存在状态、运动形式以及能量的转移等[14]。

草果园施肥一般采用基肥和追肥2种措施。施肥原则为以施基肥为主、追肥为辅，尽早施加大量基肥，及时追肥和加强叶面喷肥。为了提高肥效、节肥节水、降低成本，还可以将施肥和灌水相结合，严格按照果树的生长需求施加肥料，以不断提高土壤的肥力，保障果树的正常生长。

1.基肥

基肥是指在草果移栽或分株时使用的肥料，也叫底肥。基肥能改良土壤，常见的基肥有厩肥、堆肥、家畜粪等，就草果而言，基肥的施加方法也有多种，包括环状沟施肥法、放射状沟施肥法、条状沟施肥法、两侧沟施肥法、全园施肥法。在实际操作中，无论采用哪一种施肥法，都要控制好施肥距离，肥料离植株过远，不利于根系吸收养分，离植株过近，易出现肥害伤树现象，一般可沿树冠滴水线外侧挖沟、挖穴施肥[15]。

(1) 环状沟施肥法。是一种在树冠外围挖环状沟，将肥料与土掺和均匀后施入，然后覆土的施肥方法。草果定植后，根据树冠的大小和生长情况，在外围挖宽为10 ~ 15cm、深为15 ~ 20cm的环状沟，沟与树的距离一般以冠副半径的1/2为宜[16]，再将羊粪、牛粪等有机肥与土掺和发酵后均匀施入环状沟中，立即覆土。环状沟施肥法最适用于草果幼苗，可有效地提供养分，促进草果幼苗生长。

(2) 放射状沟施肥法。从距离树干50cm处由内向外开沟4 ~ 6条，沟长至树冠外缘，坑的形状呈立体梯形，向内部一端窄、浅，朝树干外的一端宽、深，将肥料施入沟内后覆土[17]。放射状沟施肥法伤根少，能促进根系吸收营养，适用于成年果树。

(3) 条状沟施肥法。是指在草果园的行间或株间挖条状沟进行施肥的方法。如在冠影边缘相对的两侧，分别挖平行的长条形施肥沟，挖沟时从树冠外缘向内挖宽40 ~ 60cm、深20 ~ 25cm的沟。根据随开沟随施肥原则[17]，及时将基肥均匀撒于沟内并覆土（图3-17）。条状沟每年可轮换使用。条状沟施肥法适用于结果期草果园，可使肥力均匀。开沟时需注意：开沟不能太浅，否则会引起根系外露上浮，不利于草果根系的生长；原生态有机肥需腐熟、发酵后施入，否则会烧坏根部，导致植株衰弱、死亡或诱发根腐病；基肥施入后要及时灌溉，有利于根系吸收；在施肥的过程中，环状沟施肥法、放射状沟施肥法、条状沟施肥法需隔年交替使用。

(4) 两侧沟施肥法。在植株根部两侧挖宽为10 ~ 15cm、深为15 ~ 20cm的2条平行施肥沟，将基肥施入沟内后覆土，与环状沟施肥法类似。但与环状沟施肥法相比，两侧沟施肥法施肥用工量少，单位时间内施肥效率高[15]，可节省大量的劳动力成本，在生产实践中可操作性强。

图3-17　条状沟施肥

(5) 全园施肥法。将肥料均匀撒施于全园并翻肥入土，深度以25cm为宜，应在草果未定植前完成。但是与其他施肥方式相比，全园施肥法工程量大，肥料利用率低，而且容易出现杂草，反而不利于草果的生长，所以一般不采用。

2.追肥

追肥通常在农作物生长期内进行，以补充基肥的不足或满足植物中后期的营养需求。追肥比较灵活，可以根据作物生长的不同时期和养分需求进行有针对性的补充。追肥的种类繁多，包括氮、钾追肥和中、微量元素肥等，它们有助于提高作物产量和增强作物的抗逆性。追肥的方法包括土壤施肥和根外施肥2种。在实际操作中，要根据草果生长需求，结合土壤检测，缺什么补什么。施肥时还要控制好施肥时间、施肥量等，做到合理施肥。

(1) 土壤施肥。是指将肥料直接施入土壤中，果树通过根系吸收的施肥方法。土壤施肥是草果栽培管理中的一项重要措施，科学施肥是草果提质增效的基本保证。土壤施肥包括撒施、埋施、浇施、喷施、管道施用滴灌、打眼施肥等施肥措施。

撒施是把追施的肥料直接撒在草果园畦面或株行间，然后深锄，使肥料与土壤混匀。肥料中的养分通过土壤微生物、水分自然分解，植物再从土壤中吸收营养。这种追肥方法操作简单，但挥发性肥料会产生挥发损失，最好不采用该法。撒施可分为人工撒施和机械撒施2种。草果园一般采用人工撒施的方法。

埋施也叫穴施。在树冠滴水线处，均匀挖5 ~ 10个深20cm、上口直径20cm、底部直径10cm的锥形穴，穴内填枯枝烂叶，用塑料布盖口，追肥、浇水均在穴内。无论采用沟施或穴施，在施肥后都要及时用土覆盖并灌水，以保证肥效的发挥。埋施适用于保水、保肥差的沙地草果种植区[18]。与其他追肥方式相比，埋肥养分损失少、利用率高，但操作不便，劳动强度大，费时费力。埋施追肥的施肥量集中，要注意安全施肥。

浇施也叫淋施，是将肥料水溶液淋注于草果根部，让草果的根系吸收其中的营养物质。主要目的是迅速地将养分输送到植株体内，以满足其营养需求。传统上是挑水淋施，现在是拖管或用浇水壶淋施。一般在草果快速生长期、开花期或果实成熟期使用此法。

滴灌追肥是将可溶性肥料溶解于水，以滴灌进行追肥的施肥技术。滴灌水肥一体化系统由动力、水泵、蓄水池、化肥罐、过滤器及操控阀等组成。现有的滴灌体系是在高处建水塔或蓄水池，由水泵或水渠将水送入水塔或蓄水池[19]，再通过管道系统与安装在毛管上的灌水器，将水和草果需要的养分均匀而又缓慢地滴入草果根部区域土壤中。此外，还可采用膜下滴灌，即把滴灌管（带）布置在膜下，效果更佳。膜下滴灌带以内径75mm的胶管为主管道，采用单翼迷宫式滴灌带，内径16mm，滴孔间距300mm，流量为1.5L/h。较于其他的施肥措施，滴灌是目前最先进、最科学的一种施肥方法，优势突出：①节肥节工，增产增收。滴灌追肥可以做到定量化、标准化施肥，提高灌溉质量和肥料利用率，通过滴灌精确地向作物根部提供水分，可以减少水分的地表蒸发、径流和深层渗透损失。滴灌不破坏土壤结构，土壤内部的水、肥、气、热经常保持在适宜作物生长的良好状况，蒸发损失小，不产生地面径流，几乎没有深层渗漏，是一种省肥的施肥方式，水源少和缺水的山区可采用此方法。由于株间未供应充足的水分、养分，不易生长杂草，减少灌水施肥用工，降低劳动强度。由于作物根区能够保持最佳供水状态和供肥状态，故能增产。②有利于控制温度和湿度。但滴灌易引起堵塞和盐分积累，还可能限制根系发展[20]。

打眼施肥，即在树冠下用钻打眼，将稀释好的肥料灌入洞眼内，让肥水慢慢渗透，适用于干旱区的成龄草果园[18]。

（2）根外施肥。根外施肥又叫叶面追肥，是指将肥料溶解在水中，喷洒在草果叶片上的一种施肥方法。叶片不仅是植物器官，还是植株的养分库，其养分的积累直接影响着草果的产量和品质[21]。因此，在基肥不足、土壤追肥不方便时可进行叶面施肥。但在施肥前应对草果园进行叶片矿质养分含量测定和营养平衡诊断，根据测定结果制定科学的施肥方法。为解决灌溉和施肥问题，草果园使用微喷灌技术进行叶面追肥。

叶片营养诊断常用的方法有4种，即充足范围法（SRA）、诊断施肥综合法（DRIS）[22]、适度偏差百分数法（DOP）和组分营养诊断法（CND）。其中，DRIS可以同时诊断草果叶片中的多种元素，且精确高效，不受品种、生育期、采样部位等因素的影响，还可避免受各养分之间的拮抗作用影响，因此在草果叶片营养诊断中常用此法。

微喷灌技术又被称为雾滴喷灌，是在滴灌与喷灌技术的基础上研发的一种先进的水肥一体化技术，通过中低压强度的全园旋转式喷洒喷头[23]，将水分、养分细密地喷洒到草果叶片上，促使叶片吸收养分。微喷灌技术比喷灌技术更节水[14]。

草果园常用的叶面追肥种类有氮肥（尿素、硝铵、硫铵）、磷肥（有磷酸铵、磷酸钾）、钾肥（氯化钾、硝酸钾）和微量元素肥料，如硼肥（硫酸锌）、钼肥（硫酸锰）、锰肥（硫酸锰）、铁肥（硫酸亚铁、硫酸亚铁铵、铁的螯合物），以及大量元素、中量元素、微量元素复合水溶肥等[24]。

叶面追肥可避免土壤固定养分以及土壤微生物对养分的吸收，而且操作方便，用肥量少，肥料利用率高，肥效快，还可改善草果品质，是一种有效的追肥方法。适用于植株或果实生长的旺盛期，即需肥量最大的时候。

四、草果园管理技术

草果园管理技术，是指草果定植后到植株衰老更新前的整个生长过程中不同生理阶段采取的管护方法，包括苗期管理、花期管理、结果期管理、采收后管理。草果在不同生长时期的管理技术也不同。

（一）苗期管理

1.育苗定植

育苗工作一般在12月或翌年2月进行，选用果皮由鲜红色转为紫红色，种子呈银灰色，嚼之有较浓辛辣味的果实做种育苗，苗长40 ~ 60cm可定植至草果园[25]。也可以在春季将带芽的单株连根状茎挖出分株移栽。定植后培土压实，浇足定根水（图3-18）[26]。

图3-18　定植

2.除草

在定植后1 ~ 2年，植株还没有形成群体时，草果园间杂草生长很快，严重影响草果对养分、水分的吸收，因此，每年都要遵循“有草必除”“除早、除小、除了”的原则除草。可分别在2、5、8、10月进行[27]。

3.施肥

草果定植后处于生长发育的旺盛时期，在施用腐熟农家肥、钙镁磷肥等基肥的基础上，以追肥2 ~ 3次为宜。第一次是萌芽肥，应在春分前后施用，以有机肥、过磷酸钙为主，可施用少量氮肥；第二次是6月左右，施用复合肥和混合尿素；第三次是壮芽肥，应在处暑前后施用，以草木灰、火烧土、有机肥为主，可施用少量磷肥。草果定植后至开花前都要适量培土、塞兜，为翌年开花结果打基础。

4.查苗、补苗

查苗、补苗主要是查看草果园中是否存在缺苗或断垄的情况，根据缺苗情况移植草果以均苗和壮苗，提高土地利用率，并进一步实现草果的稳产、高产。

（二）花期管理

1.除草

定植3 ~ 5年后，草果进入开花结果期（图3-19），此时，应在每年的2—4月除草，这段时间正是草果开花季节，为了防止杂草争水争肥以及枯枝落叶覆盖花穗，影响草果开花和昆虫传粉，要及时清除病、弱及枯萎的植株，同时掰除过密的花芽。将枯枝落叶连同杂草运出沤肥，防止花期烂花[28]。

图3-19 草果花期

2.施基肥和追肥

在3月中下旬施壮花肥，以有机肥（人粪、羊粪等）、复混肥为主；在4月上中旬进行根外施肥，保证草果花粉发育，可以0.3%磷酸二氢钾和0.01%硼酸混合液喷施叶面，也可用2%的尿素溶液和2%的过磷酸钙浸出液多次交叉喷洒叶面来保花保果，提高坐果率[29]。

3. 草果授粉

草果是典型的虫媒花，多采用昆虫授粉（图3-20）。可在草果园周围种植蜜源植物，人工驯养岩蜂、中华蜂、无刺蜂、彩带蜂等昆虫辅助草果授粉，每10亩草果园放养1 ～ 2箱蜜蜂[30]，授粉率可达到50%～ 60%[27]。

图3-20　昆虫授粉

4. 疏芽

疏芽是控制单丛植株数量、种植密度的主要措施之一。在草果花芽、叶芽长成时，疏除过密、过小、过弱的叶芽，能使养分集中供应，为后期的增产、提质打下基础。

（三）结果期管理

在6—8月进行，主要是除去杂草，使养分集中，促进果实壮大、籽粒饱满。

1. 施肥

主要施用保果肥。6—7月果实长成时，施用堆肥、绿肥和磷肥1 000 ～ 1 500kg[29]，也可用2%磷酸二氢钾和5mg/kg 2,4-D混合喷果，防止落果和促进果实长大。

2. 水分管理

草果授粉后幼果开始迅速膨大（图3-21），是草果需水量较大的时期，这个时期正好处于春末夏初，气候干燥，需要及时补充水分，可引水灌溉、高空喷灌、淋水或在畦上盖草以保持土壤湿润[31]。若雨量过多，应及时疏通排水沟，防止积水导致烂果、掉果。

图3-21 草果幼果

（四）采收后管理

1.除草、剪枝

除草、剪枝应在11—12月进行，采收前做好杂草清除管理工作，按照采收标准进行采收，采收后剪除当年结果老株，同时剪除不结果的老株、病残株[28]，将剪下的老株剪成小段，铺在植株周围，起到冬季保温、保湿、保肥的作用（图3-22），腐烂后还能提高土壤肥力，减少营养消耗，改善环境，使林内通风透光，确保新长植株的水分和养分充足，有助于翌年花和叶芽分化。

图3-22 草果采收后的管理

2.培土扶苗

将倒伏草果苗扶正，由两人一组配合进行，其中一人顺势向上扶苗，边扶苗边追肥，另一人用锹铲土壅根，边培土边踩实（图3-23）。

图3-23　培土扶苗

3.施肥

11—12月采收草果，并把老株剪除后，每丛施厩肥、草木灰3kg，钙镁磷肥0.25kg，腐殖土（山基土）3 ~ 5kg，拌匀后直接撒施于草果丛下，或每丛施用0.10 ~ 0.15kg复合肥（以氮：磷：钾 = 15 ： 15 ： 15为最佳），在开花期喷施硼砂（0.10kg/亩）。

（五）草果园其他管理

草果园管理还包括病虫害防控、郁闭度的调节、培土、浇水、排灌等。

1.病虫害防控

草果园病虫害防控管理要做到经常观察草果种植园，早发现、早防控。

2.郁闭度的调节

草果是一种喜阴植物，在整个生长周期都需要适宜的郁闭度。因此，需种植生长习性相似、保水力强、郁闭度高的桤木、水青冈、红椿、大叶木莲、芭蕉、水麻等遮阴植物，将草果地郁闭度调节至60% ~ 70% [32]。桤木，又名水冬瓜树、水清风，桦木科桤木属落叶乔木，高30 ~ 40m，胸径150cm，根系发达，具有根瘤或菌根，能固沙保土，增加土壤肥力，对土壤适应性强，耐瘠薄，生长迅速。水青冈，山毛榉目壳斗科水青冈属落叶乔木，高达25m。红椿，楝科香椿属大乔木，高可达20余m，小枝初时被柔毛，渐变无毛，有稀疏的苍白色皮孔。大叶木莲，木兰科木莲属乔木，高达30 ~ 40m，胸径80 ~ 100cm。芭蕉，芭蕉科芭蕉属多年生草本植物，根茎较长，高达1.5 ~ 2.0m，不分枝，丛生，叶大，长达2m，宽约40cm，根、茎、花皆可入药，有清热、止渴、利尿、解毒等功效。水麻，荨麻目荨麻科水麻属灌木，生于海拔700 ~ 1 600m的山坡、溪边，高1.5 ~ 4.0m。通过种植遮阴树，营造良好土壤环境和阴湿生长环境，有利于草果生长发育，减少高温、干旱对草果生长发育的不利影响，提高草果产量和品质。

3.培土

草果是多年生常绿草本植物，根基沿地表蔓延，因此，对定植后的植株或呈“散蔸”的植株，每年都要培腐殖土，以促进植株的分株和根系的生长，一般培土不宜过多，以不覆盖横走根茎的芽为宜。开花后不宜培土，以免误伤花蕾，造成烂花、烂果。培土可与施肥、除草同时进行。

4.浇水、灌溉

草果喜湿怕旱，在整个生长发育过程中，对土壤含水量的需求较高，要求在20%～30%。在干燥季节要引水灌溉、淋水或在畦上盖草以保持土壤湿润[33]。尤其在草果花苞形成时，遇上干旱要及时灌溉，防止花粉丧失活力。若雨量过多，应及时疏通排水沟，防止积水导致烂花、掉花。

五、草果采收、加工技术

（一）采收

1.采收标准

草果一般栽培2年后可开花结果，5 ~ 7年后进入盛果期，产量较高，10年后产量会有所降低。怒江草果花期为4—6月，9—10月果实逐渐成熟，10—12月，果实由鲜红色转为紫红色，种仁表面由白色变为棕褐色（图3-24），嚼之有浓烈的辛辣味时即成熟，可以采收。应该避免过早或者过晚采收，采收过早会影响草果的质量、产量、香气，而采收过晚会导致草果果实自行脱落、破裂，影响草果的保存质量。草果成熟期因纬度、海拔、热量而异，红河州、文山州因纬度偏低，草果开花较早，一般在每年立秋后（9—10月）成熟，可以开始采收，怒江州因纬度相对较高，草果成熟期较晚，采收的时间一般为10月下旬至12月下旬，低海拔、高热量的江边采收较早，高海拔、低热量的地区采收会稍晚一些[34-35]。

图3-24　成熟果实种仁

2.采收方式

草果近茎秆的基部结果，蒴果密集生长（图3-25），采收时需用镰刀从果穗基部把整个果穗割下，再进行脱粒。采收时要注意不能用手直接扭摘单果或果穗，以免伤害根茎和新叶芽、花芽，影响草果植株翌年产量。把整个果穗割下后，需要及时进行脱粒，避免果实霉烂。受草果自身结果习性和地势条件限制，怒江草果基本依靠人工采收，存在人工成本高、采收周期长等难题。目前，草果脱粒以人工手动摘果脱粒为主，种植户通常一手拉果穗，一手拉单个果，逐个把草果果实从果梗上撕下来。也有用枝剪或剪刀等工具从果柄基部剪取果实的，对于果柄较短的果实，应注意不要撕伤果实基部，否则后期干燥加工时容易造成草果纵向破裂，影响产品质量[28, 30]。随着科技创新成果在草

图3-25　草果结果

果产业中的应用，怒江州科技人员自主发明的便携式草果机械化脱粒机也得到当地草果种植户的高度认可（图3-26），现已广泛应用于草果采收，可实现快速脱粒，省时省力，有效提高了草果采收效率[36]。

图3-26　草果人工脱粒（A）与机械脱粒（B）

（二）运输

草果采收运输是草果生产过程中成本最大的环节，科技人员与农户通过不断研究，推广应用了草果生产专用索道、管道运输、建设生产便道、无人机运输等运输方式，不断降低运输成本。草果采收脱粒后一般打包装袋，约50kg一袋，通过人背、马驮、管道、溜索、无人机等方式运送到公路边，随后通过货车统一运输到草果干燥加工厂（图3-27至图3-29）。

图3-27　人工背运草果

图3-28　管道运送草果

图3-29　无人机和溜索运送草果

（三）加工技术

1.干燥加工技术

草果产地干燥加工方法可分为自然晾晒干燥法、传统烟熏干燥法和规模化无烟干燥技术，采收好的草果应及时进行产地干燥加工，避免长期存放，导致果实发霉、腐烂。

（1）自然晾晒干燥法。将鲜草果洗净、去除杂质后，放在簸箕、晾晒盘中，置于楼顶、阳台或专用晒场中晾晒，再于室内堆放5 ～ 7d（图3-30）。晾晒时注意晾晒环境要干净卫生、不积水、通风干燥、无灰尘污染、阳光光照良好，以免影响草果干品质量。草果需均匀摊放，不能堆叠或积压，否则会影响干燥效果，自然晾晒过程中需要定期翻动草果，确保干燥均匀。草果自然晾晒干燥法加工成本低，品质好，纯天然无污染，但晾晒果色泽略有泛白，香味较淡，干燥不彻底，容易发霉和生虫，且受场地和天气影响较大，干品品质难以控制[37]。

图3-30 自然晾晒

（2）传统烟熏干燥法。草果传统的烟熏干燥方法主要有柴火烟熏干燥、煤烤烟熏干燥、生物质燃料烟熏干燥。

柴火烟熏干燥：是以木材为主要燃料的烘烤方式，每个窑子分隔为上、下两层，中间以铁丝网分隔开，下层烧火，上层堆放草果（图3-31）。一般草果堆放厚度为30 ~ 50cm，每个窑子一次可以烘烤2 ~ 5t鲜草果。烘烤过程中需要定期翻动草果，直至烤干，一般在烘烤1d后翻动草果。该干燥方法主要利用火烟熏干草果，烘烤时要留心观察，严格控制火势，确保火势不大，避免火苗直接接触草果，导致草果燃烧。烘烤用时为45 ~ 72h。柴火烟熏干燥建造成本低，干果不易生虫、发霉，但品相较差，颜色为黑褐色，香味浓烈且伴有烟熏味，干燥过程耗费人力成本高且污染环境，干果品质易受操作人员影响，烘烤技术不佳会导致产品外观不佳，卖相差，香味不纯正，品质难以保证。此外，烟熏产生的烟雾还含有苯并芘、二苯并蒽和硫化物等有害物质[38]。

图3-31 柴火烟熏干燥

煤烤烟熏干燥：是以煤炭为燃料的烘烤方式，一般需要结合鼓风机进行窑烤，烤窑同样分为上、下两层，中间以铁丝网分隔并作为烤床，下层烧火，上层堆放草果（图3-32）。新鲜草果需均匀地摊放在烤床上，各个烤床上的鲜果摊放厚度应保持一致，以40 ~ 50cm为宜，最厚不能超过60cm。烘烤温度控制在80℃左右，持续40 ~ 50h。烘烤时要注意掌握火候，火大会烤焦，火小会导致烘烤时间过长，增加人工成本，影响加工效率。点火后应平稳升温，火力要均匀，严禁中途停火断热，24h后翻动草果一次，使草果受热均匀。一般烤到果体坚硬、相互撞击声音清脆时，即可停火降温，降温亦应平稳。停火自然冷却5h后即可出炉。煤烤烟熏干燥具有燃料成本高、污染环境、人工成本高等缺点，且会产生苯并芘、硫化物等有害物质。但是经过长期的经验积累，煤烤烟熏干燥技术较为成熟，产品品质较为稳定。用煤烤烟熏干燥法制成的干果色泽为粉红色或土黄色，少量干果色泽泛白，有较重的烟熏味。

图3-32　煤烤烟熏干燥

生物质燃料烟熏干燥：是以生物质燃料为燃料的烘烤方式，是在传统的柴煤烤窑基础上改造而来的，需加装鼓风机和功率为83.7万 ~ 167.4万kJ的生物质颗粒燃烧机，烤窑内部结构与传统烤窑一致（图3-33），草果干品仍为烟熏果。生物质燃料烟熏干燥因配备了生物质颗粒燃烧机，能够降低一部分燃料成本和人工成本，燃烧速度可控，干燥效果较好，生物质燃料相比煤炭和木柴等较为环保。但干果颜色和品质受生物质颗粒燃烧机燃烧效果和生物质燃料原材料品质的影响，燃烧充分则烟雾灰尘少，干果颜色为紫红色，燃烧不充分则干果颜色偏深灰色，附着灰尘较多，卖相较差，且这种加工方式仍会产生苯并芘等有害物质。

图3-33　生物质燃料烟熏干燥

（3）规模化无烟干燥技术。规模化无烟干燥技术主要有生物质燃料热风干燥技术、空气能热泵干燥技术。

生物质燃料热风干燥技术：利用生物质燃料燃烧产生的热量加热热风锅炉，鼓风机将外界冷风带入高温的热风锅炉，产生的热风在草果间循环加热以烘干草果，烘烤时草果不接触火烟。生物质燃料热风干燥技术通常配备3种干燥设备，第一种是敞开式烤窑，是在传统的柴煤烤窑的基础上，通过改造加装生物质燃烧机和热风锅炉而成的开放式烤房，草果与外界空气直接接触，热风只加热草果一次就流失，节能性较差，烘烤过程中不需要考虑排湿问题，只需要控制温度；第二种是密闭箱体式烤房，是用聚乙烯等保温材料拼装而成的箱体式烤房，草果不与外界空气接触，以烤房内的热风循环加热草果，节能性较好，烘烤过程中要同时控制好湿度和温度；第三种是网带式连续烘干大型干燥设备，烘干原理与密闭箱体式烤房相同，仅内部结构有所区别，设备昂贵，通常为规模较大的草果加工厂采用（图3-34）。

图3-34　生物质燃料热风干燥

A.敞开式烤窑　B.密闭箱体式烤房　C.网带式连续烘干大型干燥设备

敞开式烤窑配备功率为83.7万～209.3万kJ的生物质燃烧机，配5kW功率风机，一次可烘烤5t鲜草果，烘烤时间为30～35h。密闭箱体式烤房通常配备功率为

83.7万～167.4万kJ的生物质燃烧机，配2组风机，分别安装在烤床的上层和下层，每组含2台4.4kW功率的风机，以2h为周期循环交替鼓风，一次可烤4t鲜草果，烘烤时间为30～35h。网带式连续烘干大型干燥设备1d能干燥鲜草果20～35t，能够极大地降低人工成本，产品质量稳定。采用生物质燃料热风干燥技术生产的干草果颜色偏红，品质好，香味纯正，加工成本也较低，目前正在逐步推广替换传统干燥设备。

空气能热泵干燥技术：是运用逆卡诺循环原理，利用制冷剂由气态压缩为液态的过程中释放出的热量加热产生热风来实现对草果的加热烘干的干燥技术。根据热泵结构分类，可分为开式热泵和闭式热泵；根据烤房结构分类，可分为箱体式烤房和网带式烤房（图3-35、图3-36）。空气能热泵干燥通常采用高温热泵烘干机作为烘干装置，在气候温暖的地区或季节，高温热泵烘干机效率很高，加热效率远大于其他加热设备，可以节省能源，同时降低CO_2的排放量，实现节能减排[39]；在气温较低的环境中，高温热泵烘干机效率较低，需要加装电加热装置辅助加热。用空气能热泵干燥设备生产的草果品

图3-35　空气能热泵干燥箱体式烤房
A.开式热泵　B.闭式热泵

图3-36　空气能热泵干燥网带式烤房
A.开式热泵　B.闭式热泵

质好，香味纯正，产品质量稳定，能够节省人工，节能环保，且加工过程中不产生有害物质。但安装该设备的成本较高，且需要配套变压器，设备运行受外界环境温度影响较大，不适合在气温较低的地方使用。

2.初加工技术

（1）草果粉加工。草果粉是指经过充分干燥的草果果实，通过粉碎或研磨得到的成品（图3-37）。

图3-37　草果粉

粉碎：将干燥草果果实放入粉碎机或研磨机中进行粉碎（研磨）。传统打粉方式主要是使用石磨研磨或者机械压榨，现代生产加工中常用中药粉碎机、低温研磨机等进行粉碎，粉碎过程中需要注意控制好时间、温度、湿度，以免影响粉末品质。

筛分：草果粉碎好后，将草果粉放入网筛进行筛分，一般过0.150 ~ 0.180mm筛，去除长纤维、粗颗粒等。

包装：筛分后的草果粉末需及时包装，以免挥发性香气成分散失，一般采用密封袋装、瓶装的方式临时存放或保存。

（2）草果精油提取。草果精油，也称为草果挥发油，是指用蒸馏法从草果果实中提取出来的油状物质，通常呈透明的淡黄色（图3-38）。挥发油是草果最主要的活性成分，具有草果所特有的香气，风味辛香，浓郁浑厚，滋味辛辣。目前，草果精油的提取多采用水蒸气蒸馏法，其操作相对简单，但存在提取时间长（一般需要4 ~ 5h才能完成提取）、效率低、加工成本高等问题。因此，有机溶剂提取法、超声波提取技术、微波提取技术、超临界流体提取法等提取技术逐渐被应用到草果精油的提取中[40]。

水蒸气蒸馏法是指将含有挥发性成分的植物材料与水共同蒸馏，使挥发性成分随水蒸气一并馏出，经冷凝分取挥发性成分的浸提方法。此法具有设备简单、操作安全、不污染环境、成本低等特点，还可以避免提取过程中有机溶剂残留的问题，是提取中药材挥发油的有效方法。但加热过程中温度较高，原料容易焦化，易使所得挥发油的芳香气味发生化学变化，从而降低其作为香料的价值，使应用效果受到一定的局限[41]。提取操作步骤：将草果磨粉后放入长颈烧瓶内，按比例向圆底烧瓶内注入纯水（不超过容积的2/3），并向短颈烧瓶内放入几粒沸石或者碎玻璃，以防暴沸，安装好水蒸气蒸馏装置，启动冷凝器中的循环水系统，打开加热设备，直到瓶中的水沸腾，调节火力大小，使水的沸腾程度保持稳定。当接收瓶内漂在水上的精油不再增多时，即可停止实验（图3-39）。

图3-38　草果精油

图3-39　用水蒸气蒸馏法提取草果精油

有机溶剂提取法是传统的中草药化学成分提取方法，利用低沸点的有机溶剂与材料在连续提取器中加热提取，提取液以低温蒸去溶剂，获得精油。有机溶剂的种类是影响浸提结果的最主要因素，需要对有效成分有良好的选择性，有较低的黏度。使用这种方法容易生成难分离的水－溶剂乳浊液，所得精油含有树脂、油脂、蜡等，提取时间较长，生产效率低，同时存在溶剂残留问题。在生产中需要增加蒸馏装置来除去有机溶剂，得到精油，成本较高[42]。

超声波提取技术是一种以外场介入强化化学成分提取的技术，利用超声波的空化效应、机械效应和热效应，增强有效物质（有机溶剂）的穿透力，有助于其在提取材料中的释放、扩散，促进被提取化学成分的溶解，以显著提高相应成分的提取率[43]。与传统的提取方法相比，超声波提取技术具有提取效率高、提取时间短、提取温度低、适应性广、成本较低等优点。草果精油超声波提取操作方法：将草果磨粉后放入超声波容器中，并在容器中加入适量的提取溶剂，然后开启超声波提取器和超声波换能器，向提取溶媒发出超声波。超声波在提取溶媒中产生的空化效应和机械效应，一方面可有效地破碎草果粉的细胞壁，使有效成分呈游离状态并溶入提取溶剂中，另一方面可加速提取溶剂的分子运动，使提取溶剂和草果粉中的有效成分快速接触并融合。经过一定时间后，提取结束，过滤提取液，蒸发、回收溶剂，得到精油提取物。

微波提取技术是利用微波能来提高提取率的新技术。微波提取技术用于提取草果的化学成分时，其提取机制可以从2个方面阐述：一方面，微波辐射过程即高频电磁波穿透提取溶剂，到达草果粉的内部维管束和腺细胞内，从而导致细胞破裂，细胞内的物质自由流出，提取介质就能在较低的温度条件下捕获并溶解细胞内物质，经过进一步过滤药渣和分离提取溶剂，即可获得提取物；另一方面，微波所产生的电磁场提高了被提取化学成分向提取溶剂界面扩散的速率，在微波场下，水分子高速转动至激发态，这是一种高能量不稳定状态，或者水分子气化，增强提取成分的驱动力，或者水分子本身释放能量回到基态，所释放的能量传递给被提取化学成分，并加速其热运动，缩短草果的化学成分从内部扩散到提取溶剂界面的时间，从而使提取速率提高数倍，同时降低了提取温度，最大限度地保证了提取物的质量[44]。微波辅助提取法是较新型的提取方法，具有提取率高、方法简单、快捷、成本较低等优点。

超临界流体提取法是一种新型的提取分离技术，通常采用二氧化碳作为流体物质，也称CO_2超临界萃取法。利用临界点附近的体系温度和压力的微小变化可导致溶解度发生几个数量级突变的特性来实现物质的分离，能同时完成提取和蒸馏两步操作，分离效率高，操作周期短，传质速率快，渗透能力强，蒸发潜热低，能很好地保留对热不稳定及易挥发的成分，选择性易于调节。超临界流体提取法现已在医药、化工、食品、轻工及环保等多个领域应用，尤其在中药化学成分的提取分离和中药现代化研究中得到广泛应用。但该技术成本相对较高，在草果精油实际生产中的应用还不多[45]。草果精油提取操作步骤：首先将草果粉碎，装入提取器中，用二氧化碳反复冲洗设备以排除空气，然后打开阀门及气瓶阀门进气，启动高压泵升压，当升到预定压力时再调节减压阀，调整好分离器内的分离压力，打开放空阀接转子流量计测流量。通过调节各个阀门，使提取压力、分离器压力及提取过程中通过的二氧化碳流量均稳定在所需操作条件后，关闭阀门，打开阀门进行全循环流程操作，最后从阀门放出提取物。

草果油的组成成分多样，主要为醇类、萜烯类、醛类、酯类及少量有机酸等几大类化合物，其中以1,8-桉树脑、芳樟醇、反-2-癸烯醛、柠檬醛、香叶醇等为主要成分。目前主要用气相色谱–质谱联用（GC-MS）技术来检测分析草果挥发油。丁艳霞等[46]用微波萃取、超声萃取、水蒸气蒸馏3种方法提取草果挥发油，GC-MS法分析结果显示，在用3种方法提取的挥发油中分别鉴定出36种、25种、30种挥发性成分，整体来看，提取的方法不同，所得挥发油的成分、含量也存在一定差异。谷风林等[47]以云南省红河州绿春县、怒江州贡山县、文山州麻栗坡县、临沧市双江拉祜族佤族布朗族傣族自治县等13个产区的草果为原料，采用水蒸气蒸馏法提取挥发油，结果表明，不同产地的草果挥发油的含量和组成都存在着一定的差异。何俏明等[48]采用GC-MS法分析鉴定从草果果仁及果壳中提取的挥发油，共鉴定出75种挥发性成分，其中果仁挥发油中含有33种成分，果壳挥发油中含有54种成分，成分大体相同。草果果壳挥发油中有18种化合物是在果仁挥发油中没有提取到的，包括β-桉叶醇、葑醇、反式-松香芹醇等。胡剑等[37]采用自然晾干、55℃烘干、冷冻干燥以及熏干4种干燥方式处理草果，提取挥发油进行GC-MS分析，结果发现不同干燥方式对草果的果壳和果仁的挥发油香气成分的种类有明显影响。综上所述，草果挥发油的香气成分、含量与其提取方法、产地及提取部位、干燥方式等有关。

参考文献

[1] 王雪文. 怒江州草果高产栽培技术[J]. 农民致富之友, 2015(18): 171-172.

[2] 陈海云, 宁德鲁, 李勇杰, 等. 草果丰产栽培技术[J]. 林业科技开发, 2012, 26(6): 105-107.

[3] 怒江傈僳族自治州林业科学研究所. 怒江草果[M]. 昆明: 云南大学出版社, 2018.

[4] 张显努. 草果栽培技术要点[J]. 农村实用技术, 2003(11): 2.

[5] 张金渝, 赵露琴, 杨美权, 等. 一种草果组培育苗方法：CN202010343158.4[P]. 2021-06-08.

[6] 张金渝, 曾祥飞, 杨美权, 等. 提高草果组培苗驯化成活率和生长速率的营养液及方法：CN202311350998.3[P]. 2023-12-15.

[7] 许倬卉. 草果生态适宜性区划及产地评价研究[D]. 昆明: 云南中医药大学, 2021.

[8] 杨志清，胡一凡，依佩瑶，等．云南草果种植区域调查及生态适宜性气候因素分析[J]．中国农业资源与区划，2017, 38(12): 178-186.
[9] 李君菊．林下草果人工栽培技术[J]．中国林副特产，2021(1): 49-50, 52.
[10] 刘俊良，方振晓，霍林杰．热带水果低位喷灌装置：CN202223472792.1[P]．2023-06-06.
[11] 马孟莉，王田涛，雷恩，等．金平县草果果质量与土壤速效养分的相关性初探[J]．天津农业科学，2018, 24 (11): 75-77.
[12] 李品德，陆明祥，侬时增，等．马关县草果种植地的施肥效果试验[J]．西部林业科学，2010, 39 (2): 76-79.
[13] 张稚钰．花生病虫害防治及田间管理技术[J]．农村经济与科技，2019, 30 (2): 31-32.
[14] 白晓冰，陈丽娜，朱建佳，等．板栗营养诊断及水肥一体化技术研究[J]．中国果菜，2024, 44 (1): 62-66, 84.
[15] 苏俊武，槐可跃，刘永刚，等．不同施肥方式对山地思茅松幼林生长的影响[J]．西部林业科学，2019, 48 (5): 37-42.
[16] 牙森·吐尔孙，阿布都外力·胡达瓦迪．复播玉米高产栽培技术[J]．农业与技术，2017, 37 (22): 123.
[17] 李燕青，李壮，李宏坤，等．桃园养分管理与施肥技术[J]．果树实用技术与信息，2023(12): 24-27.
[18] 杨雪萍，孙雪花．果树科学施肥法[J]．农技服务，2005(2): 22.
[19] 班源佐．水肥一体化技术在柑橘栽培中的应用[J]．河北农机，2023(24): 27-29.
[20] 常维，刘颖，彭振英，等．膜下滴灌对麦茬夏花生土壤理化性状及肥料农学效率的影响[J]．花生学报，2024, 53(1): 52-58.
[21] 丰智松，李增源，张卫峰，等．上海温州蜜柑叶片营养诊断及优化施肥策略[J]．江苏农业学报，2022, 38(5): 1357-1365.
[22] 安秀红，孙妍，王芳，等．河北省太行山区“辽宁1号”核桃叶片营养诊断技术研究[J]．中国农业科学，2024, 57(6): 1153-1166.
[23] 熊璐，杨梅．浅谈微喷灌设计在灌区节水配套改造工程中的实际应用[J]．水利科学与寒区工程，2023, 6 (1): 122-125.
[24] 陈异青，杨忠富，何箕全，等．果树叶面施肥技术措施[J]．现代园艺，2016(19): 49-50.
[25] 杨绍意．草果的栽培与加工技术[J]．农家之友，2002(3): 25.
[26] 胡永琼．草果高产栽培技术[J]．云南农业科技，2012(2): 42-43.
[27] 王和杏．草果高产栽培技术[J]．农业开发与装备，2017(10): 185.
[28] 梁艳丽．草果栽培技术[J]．致富天地，2017(1): 54.
[29] 陆善旦．草果栽培技术[J]．广西农业科学，2002(2): 92-93.
[30] 柳树炳，邓丽晓，张免．滇滩镇草果生产现状和丰产栽培技术探讨[J]．农业科技通讯，2017(11): 284-287.

[31] 罗云美 . 草果提质增效种植措施 [J]. 云南农业 , 2022(7): 63-65.

[32] 段孟永 . 草果栽培技术 [J]. 云南农业科技 , 1990(1): 40-41.

[33] 陈海云 , 宁德鲁 , 李勇杰 , 等 . 草果丰产栽培技术 [J]. 林业工程学报 , 2012, 26(6): 105-107.

[34] 吴莲张 . 云南怒江草果产业发展的困难和对策探索 [J]. 产业与科技论坛 , 2019, 18(5): 2.

[35] 李品汉 . 麻栗坡县林下草果无公害栽培技术 [J]. 科学种养 , 2017(2): 4.

[36] 李彦 , 元超 , 于福来 , 等 . 一种草果果实采摘脱粒装置：CN202322085601.4[P]. 2024-03-19.

[37] 胡剑 , 凌瑞枚 , 黎平 , 等 . 4 种不同的干燥处理对草果挥发性成分的影响 [J]. 热带作物学报 , 2019, 40(4): 773-780.

[38] 郑昆 , 杨俊敏 , 肖正昆 . 草果无公害烘干设备及工艺的效益分析 [J]. 农产品加工 (学刊), 2006(3): 78-79.

[39] 宋炜 . 空气能热泵对农产品干燥技术的优势及发展前景 [J]. 农机使用与维修 , 2022, 11: 134-136.

[40] 刘巨钊 , 鲜梦雪 , 孔伟华 , 等 . 草果精油提取工艺优化与成分分析 [J]. 天然产物研究与开发 , 2023, 35(5): 766-780.

[41] 邱守昊 , 张依倩 , 赵俊赫 , 等 . 水蒸气蒸馏法提取中药挥发油的研究进展 [J]. 天津药学 , 2023, 35(4): 63-68.

[42] 张钟 , 杨宏娟 . 有机溶剂法提取化州橘叶精油工艺研究 [J]. 包装与食品机械 , 2014, 32(3): 10-13, 62.

[43] 张晴晴 , 赵天缘 , 丁梦祥 , 等 . 超声波辅助提取芍花精油及成分分析 [J]. 阜阳师范大学学报 (自然科学版), 2022, 39(4): 27-32.

[44] 席彩彩 , 张文芳 , 侯明月 , 等 . 微波提取技术在中药有效成分提取中的应用 [J]. 中国药业 , 2014, 23(3): 94-96.

[45] 雷智冬 , 黄锁义 . 草果提取方法、生物活性与临床应用研究新进展 [J]. 中华中医药学刊 , 2021, 39(1): 245-249.

[46] 丁艳霞 , 谢欣梅 , 崔秀明 . 不同方法提取草果挥发油的化学成分 [J]. 河南大学学报 (医学版), 2009, 28(4): 284-287.

[47] 谷风林 , 张林辉 , 房一明 , 等 . 云南不同地区草果物理性状、精油含量及组成分析 [J]. 热带作物学报 , 2018, 39(7): 1440-1446.

[48] 何俏明 , 覃洁萍 , 黄艳 , 等 . 草果果仁及果壳挥发油化学成分的 GC-MS 分析 [J]. 中国实验方剂学杂志 , 2013, 19(14): 112-117.

第四章 Chapter 4 草果常见病害及防控技术

从病原体种类来看，怒江草果常见病害中，真菌侵染性病害占主导，主要危害部位为叶片。从危害程度来看，萎蔫病危害较为严重，其危害部位为草果全株，根据部位不同，分别称为根腐病、茎腐病、叶腐病、花腐病、果腐病。包玲凤等[1]研究显示，梨孢属、茎点霉属和炭疽属真菌可引发草果炭疽病、叶斑病和叶瘟病，黑暗潮湿条件可促进菌株菌丝生长和分生孢子形成，说明此类环境有利于草果叶瘟病、叶斑病和炭疽病的发生流行，湿润多雨是引起此类病害危害的主要环境因子。怒江州属于亚热带山地季风气候，湿润多雨，适宜梨孢属、茎点霉属和炭疽属真菌生长繁殖，因此草果各类叶部病害发生流行的潜在危险性较高。章一鸣等[2]研究显示，变形梨形孢导致的叶瘟病是引发绿春草果大面积病害死亡的主要原因。张玲琪等[3]通过菌株分离鉴定和回接试验，证明镰刀菌属和茎点霉属为草果主要致病真菌，假单胞菌属和欧文氏菌属可引发草果花腐病。泽桑梓等[4]研究显示，镰刀菌属和炭疽菌属真菌均可引发草果萎蔫病。Guo等[5]研究表明小孢拟盘多毛孢引起假茎黑斑病。

目前怒江草果沿线非生理性病害中，以萎蔫病发生较多，该病害在云南的马关县、元阳县草果种植区曾导致毁园绝收。经调查发现，怒江州1～3年生的草果植株较少发生萎蔫病，或者虽检查呈阳性，但其危害症状尚未显现，进入挂果期后，感染萎蔫病的草果植株逐渐显露症状：单株开花量明显减少，花穗呈水浸状，逐步变黑，整穗花枯萎、腐烂；坐果后期掉果严重，单株最终结果量少，果实腐烂、变黑严重；叶鞘（假茎外层）产生圆形或椭圆形的褐色斑点，随着病情加重，小病斑联合形成大病斑，影响地上部分生长。

在草果生理性病害中，日灼、霜冻、雪灾和干旱危害程度较重，脱贫攻坚期间草果产业得到大力发展，很多缺少水源的干旱地块也被老百姓自发种上了草果，由于环境湿度不够，且缺少配套种植的遮阴树，导致草果长势不好，甚至干枯死亡。另外，受怒江州立体气候的影响，海拔超过2 000m的潮湿地块容易发生雪灾，2022年贡山县独龙江乡部分草果地受雪灾危害严重，遭遇雪灾的草果园主要是植株地上部分被压断、散蓬，叶片被大量冻伤，根部大量的花芽、叶芽被冻死，严重影响当年产量及翌年的生长，但草果植株基本不会完全死亡。

病害的防控应与田间规范栽培管理技术相结合，坚持以预防为主。

一、常见侵染性病害

（一）萎蔫病

萎蔫病为系统性侵染病害，顶部叶片与茎尖表现为萎蔫，茎部表现为出现褐斑，花表现为花腐，果实表现为果腐，根部表现为根腐（图4-1）。

图4-1　萎蔫病在不同组织部位表现症状

A.顶部萎蔫　B.顶部叶片枯死　C.茎表面出现褐斑　D.茎内部病变　E.根腐　F.花腐初始症状（苞片腐烂）G.花腐后期症状　H.果腐初期症状　I.果腐后期症状

1.危害症状

（1）茎尖与顶部叶片萎蔫症状。多从茎尖顶部第一片叶子发病，从叶尖沿主叶脉向叶柄方向发展，多呈“V”字形，呈现黄褐色至鲜黄色坏死，正面长时间枯死后病斑中央呈灰白色，边缘水浸状，外侧或病斑周围有明显的黄色晕圈；叶背病斑黄褐色枯死，边缘明显水浸状。随着病情发展，主叶脉坏死并导致整片叶子枯死，顶部萎蔫。横向切开观察，中心部位褪绿，呈现水浸状；潮湿环境中，病情迅速发展，茎从上到下、从里到外，由水浸状变为褐色、黑色坏死，外层褶皱萎缩、凹陷，严重的露出丝状纤维（叶鞘果胶被降解）[6-7]。

（2）茎部褐斑症状。多数在顶部表现为萎蔫叶子的叶鞘（假茎外层）出现圆形或椭圆形的褐色斑点，随着病情发展，病斑数量增多，部分小病斑联合形成大病斑，病斑皱缩、凹陷，呈黄褐色，受害严重的叶鞘露出丝状纤维（叶鞘果胶被降解）。个别的在茎中部或近地面部分出现褐色病斑，多向上、下两侧扩展，形成椭圆形至梭形、长条形病斑。

（3）花腐症状。多数在花没有开放时即开始发病，从紫红色的苞片尖开始发病，水浸状，并逐渐褪去紫红色，呈现黄褐色，在潮湿环境中严重时变为黑色，内部的花保持黄色，软腐。花已经开放的，多从花冠顶部发病，水浸状，发软、下垂，逐渐褪去黄色，呈现黄褐色。严重的，花穗呈水浸状，褪去紫红色，逐渐变为黑色，导致整穗花枯萎、腐烂。

（4）果腐症状。果实发病主要有2种状况，第一种是从果穗上果实与果实紧贴着的果面或花蒂发病，先呈现暗红色水浸状圆斑，随着病情发展，病斑转为黑色，腐烂，产生酒糟味；第二种是从果穗发病，果穗呈水浸状，褪去紫红色，逐渐变为黑色，并沿着果梗蔓延至果实，果实也先呈现暗红色水浸状，快速发展至黑色腐烂，往往造成整穗的果实腐烂。

（5）根腐症状。多从须根开始发病，呈现暗褐色腐烂，中空，内部腐烂至仅剩表皮。主根（其实是根状茎）初发病时，老根呈暗褐色，嫩根呈暗红色，水浸状，逐渐加重至黑色腐烂，发病严重植株整株死亡，甚至周边连片死亡，挖出病株2年后种植区仍然发病。

2.病原菌

萎蔫病由镰刀菌属（*Fusarium* spp.）的多种病原菌引起，病原菌在土壤中可存活30年。

3.发生规律

萎蔫病目前在文山州马关县、红河州金平苗族瑶族傣族自治县（以下简称金平县）与元阳县发病严重，此外，红河州屏边苗族自治县（以下简称屏边县）、文山州富宁县及怒江州的泸水市、福贡县、贡山县均有发生，是草果产业危害最严重的病害。该病为水、土传播病害，病菌经流水或土壤传播，接触地面的果穗由下而上浸染，致使果穗腐烂并由果柄蔓延向果实；或者经飞溅的雨水侵染果穗、果实，果实腐烂多数由花蒂开始，然后逐渐蔓延，最终导致主根发病；或者经由土壤侵染须根、主根，过冬后染病主根的地上部分茎尖表现萎蔫症状。

4.防控措施

育苗移栽或分株移植时，采用恶霉灵加芽孢杆菌或哈茨木霉加中生菌素浸根消毒，可预防多种真菌性、细菌性侵染病害。

物理阻隔病菌传播，可套种重楼、三七等非姜科的喜阴高附加值作物。调节环境，以抑制菌丝生长和孢子萌发，病菌喜欢酸性土壤，调节pH到6.5 ～ 7.0，施用碱性镁3次，每次50kg/亩；或者撒生石灰粉0.5 ～ 2.0kg/m^2，然后翻土至少20cm深，第3天再翻土一次，尽可能地使生石灰粉与土接触。土壤消毒，将浓度为100mg/L的二氧化氯加入水中调节到5 ～ 10mg/L滴施。农药预防，可增施钾肥。每年秋季施肥时，可施用哈茨木霉或芽孢杆菌等微生物菌剂及海藻酸、腐殖酸、壳聚糖等壮根产品。

田间发现萎蔫症状时，将地上表现萎蔫的茎、叶及连接的主根用消毒过的镰刀（以医用苯扎氯铵或酒精浸泡消毒）割除，带出田间焚毁，原地撒生石灰消毒。配制恶霉灵加芽孢杆菌或哈茨木霉加中生菌素，拧松喷头，对着草果近地面茎秆喷雾至药液顺着茎秆流淌渗入根部；或者沿草果丛滴水线开环形沟，将药液喷入沟内灌根，同时施加草木灰（喷药或灌根之前注意观察天气，不要在雨后或即将下雨时施药，否则雨水会稀释药液，降低杀菌效果）。

田间零星发现花腐或果腐症状时，用消毒过的镰刀割掉花穗或刚发病的果实，配制恶霉灵加芽孢杆菌，喷洒草果丛茎基部与果穗（不要喷花穗，花瓣幼嫩，容易出现药害），预防病害大规模发生。

此外，规范化的田间管理有利于减少病害发生。①开花前期、草果采收后，施用充分腐熟的有机肥可促进草果苗健壮生长，提高抗病能力；结果期，适当喷施叶面肥有利于稳果、提高草果产量和品质，促进增产、增收。辅以适当中耕、培土，可以提高土壤通透性，减少土传病害的传播、流行。②适当稀植，避免沟渠水长期淹埋根系。③合理培植遮阴树、修剪草果种植园林木树冠层，控制郁闭度在60%～ 70%。④合理控制草果兜苗数量，疏弱留壮，增强植株对外界不良环境的抗御能力；改良草果种植园的通风透光性，降低栽培区湿度，降低草果发病率[2]。

（二）褐斑病

1.危害症状

初始发病时，叶片正、反面可见针尖大小的水浸状斑点，随着病斑扩大，中央变灰白色，具有鲜亮的红褐色边缘，红褐色外围有水浸状圈、明显的黄绿色晕环。病斑继续发展成大小不等的黄褐色至灰褐色的近圆形或椭圆形斑，背部有明显的轮纹，多数边缘颜色较深，外周有明显的浅黄色晕环；正面中央灰白色（图4-2）。多个病斑联合形成不规则形的大片枯死叶斑，空气干燥时顺着叶脉破裂穿孔[8]。

图4-2　褐斑病的田间症状
A.单张叶片正面　B.单张叶片反面　C.病斑正面　D.病斑反面

2.病原菌

主要由禾谷镰刀菌（*Fusarium graminearum*）引起。菌落在PDA（马铃薯葡萄糖琼脂）培养基上呈圆形、具绒毛，气生菌丝茂密，菌落呈胭脂红色，边缘白色，其中产生红色素。分生孢子具有两型现象，大分生孢子大小为（43.0 ~ 90.0）μm ×（2.7 ~ 5.4）μm，4 ~ 6个间隔，有足形的基底细胞和细长的顶端细胞。

3.发生规律

云南省文山州富宁县、马关县，红河州金平县、元阳县、屏边县、绿春县、红河县，怒江州泸水市、福贡县、贡山县均有发生。褐斑病在贡山县独龙江乡、福贡县马吉乡、石月亮乡与鹿马登乡为主要的叶部病害，3—9月均有发生。

4. 防控措施

一是苗木出圃时清除病叶，喷洒广谱性杀菌剂80%代森锰锌可湿性粉剂400 ~ 600倍液。二是选择无病株作繁殖母株。三是在怒江州各县（市）的2月下旬至3月上旬，叶部喷洒80%乙蒜素乳油1 000 ~ 2 000倍稀释液、淡紫拟青霉、粉红粘帚霉、恶霉灵加芽孢杆菌或哈茨木霉加中生菌素（5种配方任选其一）。

（三）叶枯病

1. 危害症状

初始发病时，叶片反面出现针尖大小的密密麻麻、深浅不一的水浸状斑点，并带有浅黄色晕环；正面为亮黄色的圆形斑。随后沿侧叶脉扩大，呈长椭圆形或条形，中央出现长椭圆形或纺锤形黄褐色枯死，导致半侧叶片出现长条形黄化，最终整叶枯死，呈黄白色（图4-3）。

图4-3 叶枯病的田间症状
A.叶片正面 B.叶片反面 C.病斑正面 D.病斑反面

2.病原菌

叶枯病主要由拟盘多毛孢属（*Pestalotiopsis*）真菌引起。分孢子纺锤形，有4个真隔膜，孢子大小为（18.85 ~ 22.67）μm×（4.68 ~ 6.97）μm；中央3个细胞褐色至黑色；顶端细胞圆锥形，无色，附属丝多为3根，长13.25 ~ 29.59μm；基细胞倒圆锥形，无色，具短柄。

3.发生规律

云南省文山州马关县、红河州金平县、怒江州福贡县，3—7月均有发生。叶枯病在福贡县鹿马登乡亚坪村与噶布村、娃吐娃村为仅次于疑似叶瘟病的主要叶部病害，6—9月高温多雨季节发生较为严重。

病菌以子囊座或菌丝在病叶上越冬，借风雨传播蔓延。高温、高湿利于发病，多年种植区、植株长势过密、通风不良、郁闭度过高、植株徒长发病重。

4.防控措施

在怒江各县（市）的2月下旬至3月上旬，叶面喷洒80%乙蒜素乳油1 000 ~ 2 000倍稀释液，或喷洒枯草芽孢杆菌悬浮液/哈茨木霉（选其中一种）和2%春雷霉素水剂按使用说明混配的稀释液。5月上旬，发病区喷洒72%杜邦克露800倍稀释液或80%代森锰锌600倍稀释液1次。

（四）褐色轮纹病

1.危害症状

多在叶缘发病，初始发病时，叶片出现暗褐色水浸状斑点，逐渐沿侧叶脉扩大成圆形至长椭圆形病斑，中央正、反面均有同心轮纹，边缘有水浸状环、浅绿色或黄色晕环。干燥时正面中央灰白色，反面黄褐色；潮湿时正、反面均为黄褐色，中央出现黑色点状物。叶缘病斑常常联合形成大片枯死，靠近主叶脉的病斑常常形成单个较大（长20 ~ 40mm）的长椭圆形斑（图4-4）。

2.病原菌

褐色轮纹病主要由链格孢属（*Alternaria*）真菌引起。在PDA培养基上培养5d的真菌菌落直径为8 ~ 9cm，中心灰色，边缘苍白色。分生孢子为棕色，倒棒状、倒梨形或卵球形至椭圆形，1 ~ 6个横向间隔和0 ~ 3个纵向或斜向间隔，（14 ~ 42）μm×（6 ~ 12）μm。

3.发生规律

云南省红河州金平县，怒江州泸水市、福贡县均有发生。褐色轮纹病在福贡县马吉乡、鹿马登乡、石月亮乡与泸水市浪坝寨为次于褐斑病、叶枯病的主要叶部病害，6—9月高温多雨季节发生较为严重。

4.防控措施

在怒江州各县（市）的2月下旬至3月上旬，叶部喷洒80%乙蒜素乳油1 000 ～ 2 000倍稀释液，或喷洒枯草芽孢杆菌悬浮液/哈茨木霉（选其中一种）和2%春雷霉素水剂按使用说明混配的稀释液。5月上旬，发病区喷洒72%杜邦克露800倍稀释液或80%代森锰锌600倍稀释液1次。

图4-4　褐色轮纹病的田间症状

A.病斑正面（干燥时）　B.病斑反面（干燥时）　C.病斑正面（潮湿时）　D.病斑反面（潮湿时）

（五）黄色条斑病

1.危害症状

初始发病时，叶片正、反面出现数百个密密麻麻的条形黄斑，逐渐扩大联合成大的黄斑，随着病情发展，黄色条斑中央出现水浸状坏死（图4-5）。

2.病原菌

黄色条斑病主要由四川肠杆菌（*Enterobacter sichuanensis*）引起。

图4-5 黄色条斑病的田间症状
A.病斑正面 B.病斑反面

3.发生规律

目前仅在云南省福贡县鹿马登乡亚坪村与干布村、贡山县茨开镇与普拉底乡发现。病原随风雨或水流传播，春季开始发生，夏季危害严重，高温高湿、光照不足、通风不良等均有利于病害发生。

4.防控措施

在怒江各县（市）的2月下旬至3月上旬，叶部喷洒80%乙蒜素乳油1 000 ~ 2 000倍稀释液，或喷洒枯草芽孢杆菌悬浮液/哈茨木霉（选其中一种）和2%春雷霉素水剂按使用说明混配的稀释液。5月上旬，发病区喷洒72%杜邦克露800倍稀释液或80%代森锰锌600倍稀释液1次。

（六）褪绿条斑病

1.危害症状

病株叶片常常呈现绿色深浅不一的花叶条斑状，并常伴随由冬季低温抽叶不展造成的与主叶脉平行的7 ~ 10条棱，严重时条斑枯死（图4-6）。部分样品显示褪绿不规则环斑。

2.病原体

经病毒组分析，褪绿条斑病由柘橙病毒属的草果条纹花叶病毒引起，该类病毒在姜科的益智、豆蔻上有发现报道。褪绿不规则环斑样品经电子显微镜负染色观察，发现与番茄斑萎病毒类似的粒体。

图4-6 褪绿条斑病的田间症状

3.发生规律

在生产上，病毒病主要通过无性繁殖（分株）传播。在自然界，草果条纹花叶病毒可能通过蚜虫取食传播危害，番茄斑萎病毒主要通过蓟马取食传播危害。褪绿条斑病在云南草果种植区发生普遍，在怒江州福贡县马吉乡、鹿马登乡、石月亮乡与贡山县独龙江乡均有零星发生。

4.防控措施

在怒江各县（市）的2月下旬至3月上旬及5月上旬，傍晚时间向草果叶背面喷洒苦参碱或印楝素加宁南霉素等生物农药，灭杀蚜虫、蓟马等传播媒介并钝化病毒。

（七）藻斑病

1.危害症状

多在叶片上长有几十至数百个灰绿色或红色的放射状圆形斑，稍微隆起，表面呈纤维状纹饰或粉状，不光滑，边缘不整齐，直径1 ~ 5mm（图4-7）。蓝灰色藻斑病病叶初生灰绿色针头状小斑点，随后扩大为灰绿色、正面稍隆起、具有明显同心轮纹、近圆形的典型病斑。红色藻斑病发生后，叶上初生黄褐色、针头大小的圆点，以后向四周呈放射状扩展成圆形或近圆形病斑，病斑直径为0.5 ~ 1.0mm，灰绿色至黄褐色，病斑上可见细条状毛毡状物，后期稍隆起，变暗褐色，边缘不整齐，表面平滑，有纤维状纹理。可用手擦除，影响叶片光合作用。

图4-7　藻斑病的田间症状

2.病原体

藻斑病主要由2种寄生性藻类引起。常见病原为寄生性头孢藻和寄生性红锈藻（*Cephaleuros virescens* Kunge）。寄生性头孢藻孢囊梗单生或丛生，顶端细胞膨大为椭圆形的柄下细胞，其上着生数个圆形、黄褐色、有柄的孢子囊；寄生性红锈藻营养体为叶状体，由对称排列的细胞组成。细胞长形，从中间向四周呈放射状长出，病斑上的毛毡物是病原藻的孢子囊和孢囊梗。孢囊梗呈叉状分枝，长250 ~ 500μm，顶端膨大，近圆形，顶端着生8 ~ 10个黄色至黄褐色的孢子囊，宽卵圆形，大小为（15 ~ 20）μm×（16 ~ 20）μm。

3.发生规律

多在树荫浓密、种植密度高、空气湿度大的地方发生，6—9月高温多雨季节发生较为严重。

4.防控措施

在怒江各县（市）的5月（雨季）来临前，叶部喷洒氯溴异氰尿酸1 000 ~ 1 500倍稀释液（不可与碱性、有机磷农药及叶面肥混用）。

（八）假茎黑斑病

1.危害症状

最初绿色假茎上出现长方形的水浸状斑，病斑扩大并变为褐色，然后中心变为黑色，边缘变为褐色（图4-8）。

图4-8 假茎黑斑病的田间症状

2.病原菌

假茎黑斑病主要由小孢拟盘多毛孢（*Pestalotiopsis microspora*）引起[5,9]。

3.发生规律

云南省红河州屏边县、金平县，怒江州福贡县零星发生。病原以菌丝体或分生孢子器在枯叶或土壤里越冬，借助风雨传播，夏初开始发生，秋季危害严重，高温高湿、光照不足、通风不良、昆虫多等均有利于病害发生。

4.防控措施

以控制危害茎部的刺吸式或钻蛀性害虫为主要防控手段，可以采用印楝素乳油、苦参碱喷雾。同时，在怒江各县（市）的2月下旬至3月上旬，叶部喷洒80%乙蒜素乳油1 000 ～ 2 000倍稀释液，或喷洒枯草芽孢杆菌悬浮液/哈茨木霉（选其中一种）和2%春雷霉素水剂按使用说明混配的稀释液。5月上旬，发病区喷洒72%杜邦克露800倍稀释液或80%代森锰锌600倍稀释液1次。

二、常见非侵染性病害

草果为常绿阔叶林下的多年生草本植物，上需天然荫蔽，下需充足的水分和散射光，在气候冬暖夏凉、土质肥沃的区域生长较好。怒江流域河谷众多，立体气候明显，雨量充沛，林地湿润，土壤肥沃，独特的地理位置和气候环境为草果生长提供了得天独厚的自然条件。但近年来，随着全球气候变暖，云南冬季霜冻频发，早春持续干旱，“倒春寒”时有发生，极端气候频频发生，多种气候因素导致草果发生各类生理性病害，与草果病虫害发生症状有相似之处。目前，怒江流域常见的生理性病害有日灼、干旱、霜冻、雪灾、冰雹。

（一）日灼

1.发生症状

草果最适宜在郁闭度为60%～70%的林下生长，郁闭度低（透光率高）则草果容易早衰、枯死。受日灼伤害的叶片由黄色逐渐变为白色、干枯开裂，常在叶尖及叶缘先发病，初期叶尖、叶缘褪绿，泛黄或泛白，逐渐呈现黄褐色或灰白色枯死（图4-9）[10-11]。叶片脱落，只留下主茎，严重影响光合作用，导致产量降低。日灼通常与季节交替、温度剧变、遮阴树种类、遮阴树种植密度有关，在怒江流域多发生在冬、春季。

图4-9　日灼造成的伤害

2.防控措施

（1）草果种植地要选在春季相对湿度达75%以上，上有天然荫蔽，下有充足的水分和散射光的区域，年均温较高处选凹形坡、阴坡，年均温较低处选凸形坡、阳坡地。

（2）选择适当的遮阴树，以阔叶林为主，常绿树与落叶树搭配，树种以桤木为最佳，不宜将核桃作为遮阴树种。

（3）根据草果不同年龄期，适当调节遮阴树郁闭度，以60%～70%为宜。

（二）干旱

1.发生症状

近年来，干旱是云南草果主产区常见灾害，对草果产量影响较大，严重地区绝收，但怒江因具有“双雨季”特殊气候，很少发生。草果旱害多因早春干旱持续时间长，种植区域无流水、无喷淋设施，表现为植株枯黄，地上花芽苞片干枯（图4-10），湿度低，开花花粉粒缺少水分，降低生活力甚至失去活力，最终导致只开花不结果[10]。

图4-10　干旱造成的伤害

2.防控措施

（1）加强地面灌溉，保持草果园内一定的湿度，早春干旱期，充分利用天然河流、小溪、河沟等水源，开沟引水进入草果园，增加水分，提高空气湿度。

（2）建设高空喷淋设施及低位微喷设施，利用自然压力和重力喷水，提高田间空气湿度。

（三）冻害

在高海拔地区种植的草果会面临雪灾和霜冻的危害，雪后草果地上部分大多冻枯[10]，但是一场春雨后，很多草果的地下部分会萌发出新芽，综合算下来，草果植株冻害损失约20%。

1.发生症状

冻害是早春花苗生长面临的最大威胁。种植户应关注天气预报，掌握天气变化。受冻害危害的草果叶片有水浸状斑点，多生长在海拔1 800m以上的地区。发生冻害后，大量的草果叶片会腐烂，影响草果正常生长（图4-11）。

图4-11　发生冻害后倒伏的草果植株

2.防控措施

若遇“倒春寒”天气，在寒流来临前，喷施油菜素内酯或PBO（果树促控剂），可以增强草果抗寒性。寒流来临时，要为植株加温或增加覆盖物，以保温防寒。另外要适当控制浇水，合理增施磷钾肥，多施有机肥，以提高小苗的抗寒能力，使小苗免遭冻害。草果开花和授粉的适宜温度为18 ～ 25℃，适宜的空气相对湿度为70%～ 85%，温度过低会导致花器发育不正常或难以授粉受精。

（四）雪灾

1.发生症状

高山草果种植区冬季如遇低温下雪，短时间内不会造成较重危害，长时间下雪、积雪较深厚会导致草果茎秆折断、整丛植株被压平，叶片受低温损害，雪融化后经日晒，叶片枯黄、茎秆发黑腐烂（图4-12）[10]。早春“倒春寒”加雪灾会使草果受害更严重，严重危害花芽、叶芽，时间较长会严重影响当年产量。

图4-12　积雪压倒草果植株

2.防控措施

需选择适宜种植区，海拔不宜超过2 200m，高海拔种植区需选择在低洼处、河沟旁、河沟地，并配置适宜遮阴树，以常绿阔叶树种为最佳，可起到保温、庇护的作用。雪量过大需人工除雪，搭建撑杆将植株撑起，避免倒伏。

三、草果常见病害病原菌分离、鉴定和复接试验

以在福贡县马吉乡布腊村、鹿马登乡娃吐娃村、鹿马登乡亚坪村、鹿马登乡嘎布村，泸水市浪坝寨村，贡山县普拉底乡其达村与茨开镇等地区采集的100余份萎蔫病、果腐病、叶斑病样品为试验对象，采用组织分离法分离了潜在病原真菌、病原细菌。研究结果表明：第一，怒江州福贡县主要病害有萎蔫病、褐斑病、叶枯病、褐色轮纹病、黄色条斑病、褪绿条斑病、藻斑病、日灼病、假茎黑斑病等；第二，萎蔫病病原主要为镰刀菌属和炭疽菌属真菌，褐斑病病原主要为禾谷镰刀菌，叶枯病病原主要为拟盘多毛孢属真菌，褐色轮纹病病原主要为链格孢属真菌，黄色条斑病病原为四川肠杆菌，褪绿

条斑病病原为草果条纹花叶病毒，藻斑病主要为寄生性红锈藻和寄生性头孢藻；第三，淡紫拟青霉、恶霉灵加枯草芽孢杆菌、哈茨木霉加芽孢杆菌、粉红粘帚霉均能有效降低萎蔫病发病率和病情指数。

（一）病害调查与病原菌鉴定

1.萎蔫病

病原菌致病性及鉴定：萎蔫病主要由镰刀菌属、炭疽菌属（*Colletotrichum*）真菌引起，是一种系统性侵染病害，顶部叶片与茎尖表现为萎蔫，茎部出现褐斑，花上表现为花腐，果实表现为果腐（图4-13），根部表现为根腐。

图4-13　萎蔫病果腐症状

病菌从根部伤口或根毛侵入，在导管内定殖危害。病原真菌以菌丝体、厚壁孢子和微菌核在土壤、病残体或肥料中越冬，可存活多年。病害在田间主要通过灌溉水、土壤耕作、地下害虫等传播，可通过带菌种子实现远距离传播。镰刀菌属真菌在土壤中可存活30年。

选取具有代表性的菌株CGG-3孢子悬浮液回接，浓度为10^6个/mL，滴在健康草果果实上，每个果实3 ~ 5滴，放入无菌瓶里保湿，然后放入25℃恒温箱。接种5d后开始发病，12d后病斑面积达果实面积的1/8，22d后果实完全腐烂。

菌株在25℃条件下接种于PDA培养基上4d后，气生菌丝呈絮状，最初呈白色、玫瑰色和砖红色。7d后，菌落直径达到7.3 ~ 7.5cm，中心气生菌落呈黄色，但分泌红色色素，而菌落背面中部呈黄色，边缘呈白色。菌丝无色，直径2.5μm；大分生孢子单生，镰状，无色，两端皱缩弯曲，多数间隔为3 ~ 5个，少数间隔为6个或7个，(19.2 ~ 25.3) μm×（3.2 ~ 4.9）μm；小孢子呈簇状，透明，椭圆形至圆柱形，多数为单细胞或有1个间隔，少数为2个间隔，(4.1 ~ 9.9) μm×（1.7 ~ 3.2）μm，平均为6.3μm×2.3μm；分生孢子为透明的杆状，长5.9 ~ 27.5μm，平均为16.4μm，宽1.8 ~ 3.0μm，平均为2.4μm。显然，分离物CGG-3与盘龙镰刀菌相似。

菌株CGG-3的PCR产物长度为517bp，通过GenBank数据库中的BLAST搜索，选择菌株CGG-3（GenBank登录号为KJ472168）的ITS序列与真菌ITS序列进行比较。BLAST同源性搜索结果显示，CGG-3与*Gibberella fujikuroi*株F18（GenBank登录号为JQ 367221)、*Gibberella intermedia* MD09（GenBank登录号为JQ886419)、*Gibberella intermedia* SCSGAF0028（GenBank登录号为JN850990)、*Fusarium propervatum*株Fp3（GenBank登录号为HM769953)、*Fusarium propervatum* UOA/HCPF（GenBank登录号为KC250042）的序列同源性在99%以上。系统发育分析结果显示，菌株CGG-3和镰刀菌属菌株聚为一个大的分支，表明CGG-3和尖孢镰刀菌（菌株DC-1-26、菌株F1 NEIST-DRL菌株F1 NIIST-DRL、菌株FOCCB-2）之间具有密切的进化关系。分离物的RPB2 PCR产物长度为511bp，通过GenBank数据库中的BLAST搜索，选择菌株CGG-3（GenBank登录号为KX757836）的RPB2-序列与真菌RPB2序列进行比较。BLAST同源性搜索结果显示，CGG-3与尖孢镰刀菌ASH 157株（GenBank登录号为KR260879）的序列同源性为99%。而TEF的PCR产物长度为689bp，通过GenBank数据库中的BLAST搜索，选择菌株CGG-3（GenBanks登录号为KX768537）的TEF序列与真菌TEF序列进行比较。BLAST同源性搜索结果显示，CGG-3与盘龙镰刀菌（GenBank登录号为KP985055）的序列同源性为99%。系统发育分析结果显示，菌株CGG-3 TEF的基因与盘龙镰刀菌聚集成相同的一支，有研究结果表明，TEF对镰刀菌属的物种区分最好，综合形态学鉴定结果，鉴定为盘龙镰刀菌（图4-14)。

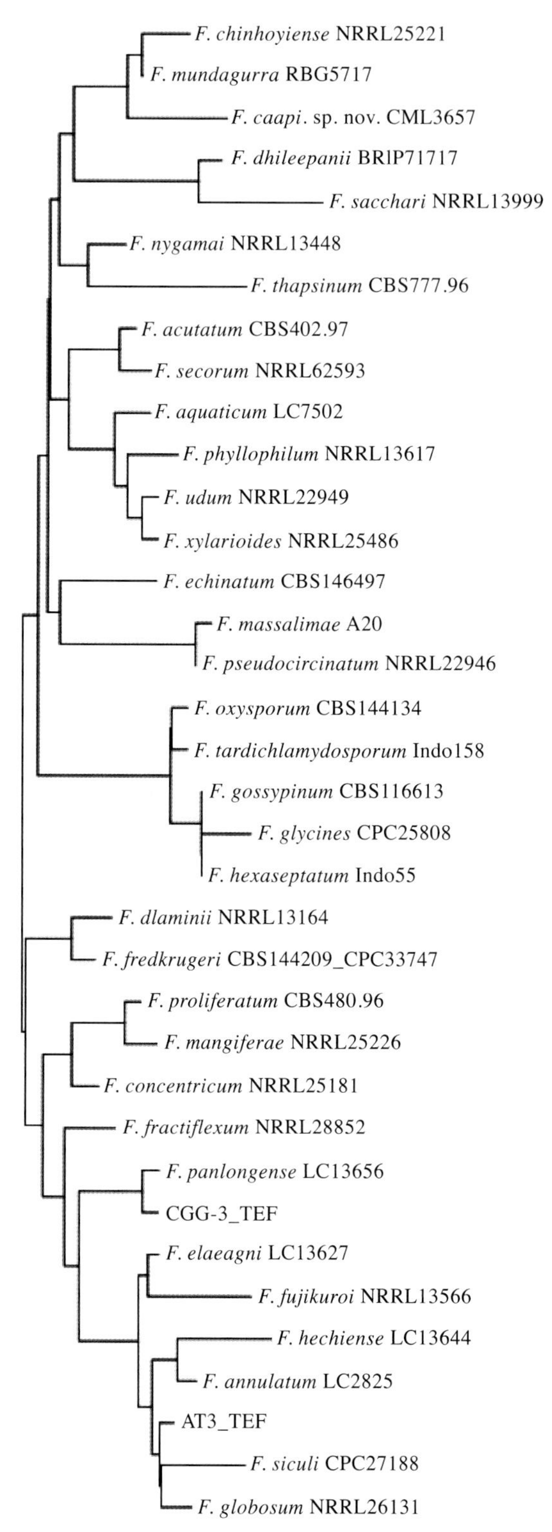

图4-14　根据TEF序列建立的镰刀菌属邻接法系统发育树

菌株SR7-1在PDA培养基上开始为白色，平铺在培养基表面，8d后，菌落的上表面呈灰色，并带有黑色的分生孢子团。分生孢子呈圆柱形，透明，无孔，末端圆形（图4-15）。根据形态学特征，初步鉴定该分离物为博宁炭疽菌。

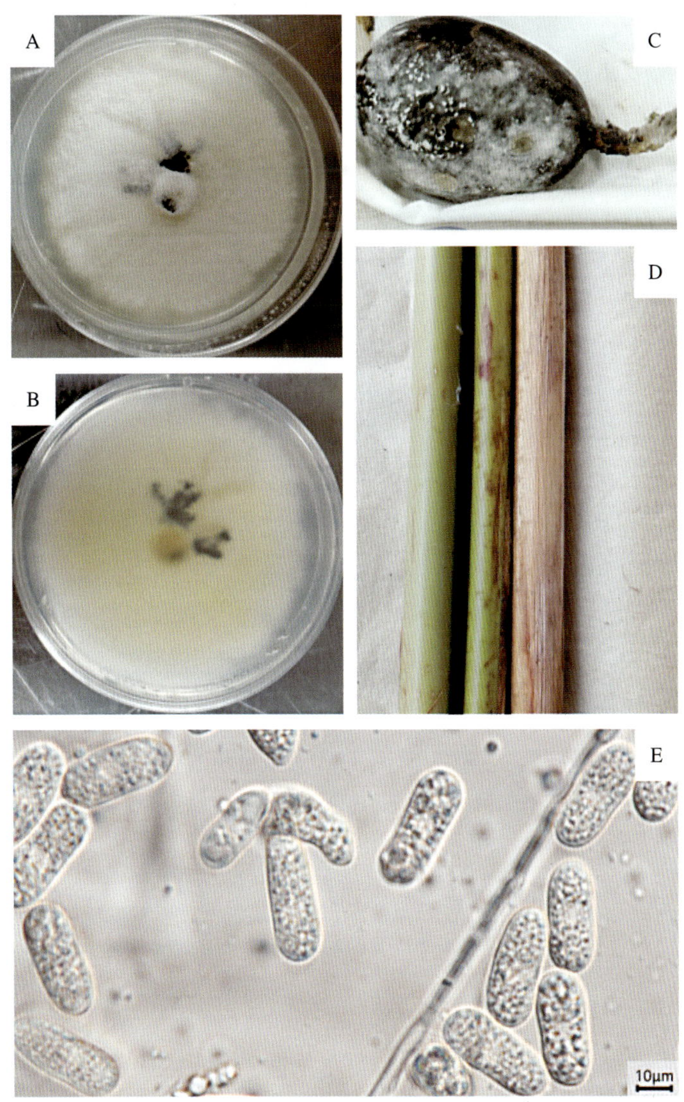

图4-15　SR7-1回接试验症状及菌落形态、分生孢子

A.菌落正面　B.菌落背面　C ~ D.回接试验症状　E.分生孢子

选取具有代表性的菌株SR7-1孢子悬浮液回接，浓度为10^6个/mL，滴在健康草果果实上，每个果实3 ~ 5滴，放入无菌瓶里保湿，然后放入25℃恒温箱。接种5d后开始发病，12d后病斑面积达果实面积的1/8，22d后完全腐烂；在室温下回接茎秆，7d后开始发病，21d后茎秆外层褐色腐烂。

BLAST同源性搜索结果显示，菌株LSC19-3、SR7-1、SR6-1-1与博宁炭疽菌（*Colletotrichum boninense*）的序列同源性高达99%以上；SR7-2、BLW2-2、LSB12-1与暹罗炭疽菌（*Colletotrichum siamense*）的序列同源性高达99%以上；SR6-1-2与*Colletotrichum godetiae*的序列同源性高达99%以上；LSA7-4、LSE18-2与胶孢炭疽菌（*Colletotrichum gloeosporioides*）的序列同源性高达99%以上；SR6-2与江西炭疽菌（*Colletotrichum jiangxiense*）的序列同源性高达99%以上。系统发育分析表明，SR7-1与博宁炭疽菌聚集在一个分支，根据形态学特征与系统发育分析结果，鉴定为博宁炭疽菌（图4-16）。

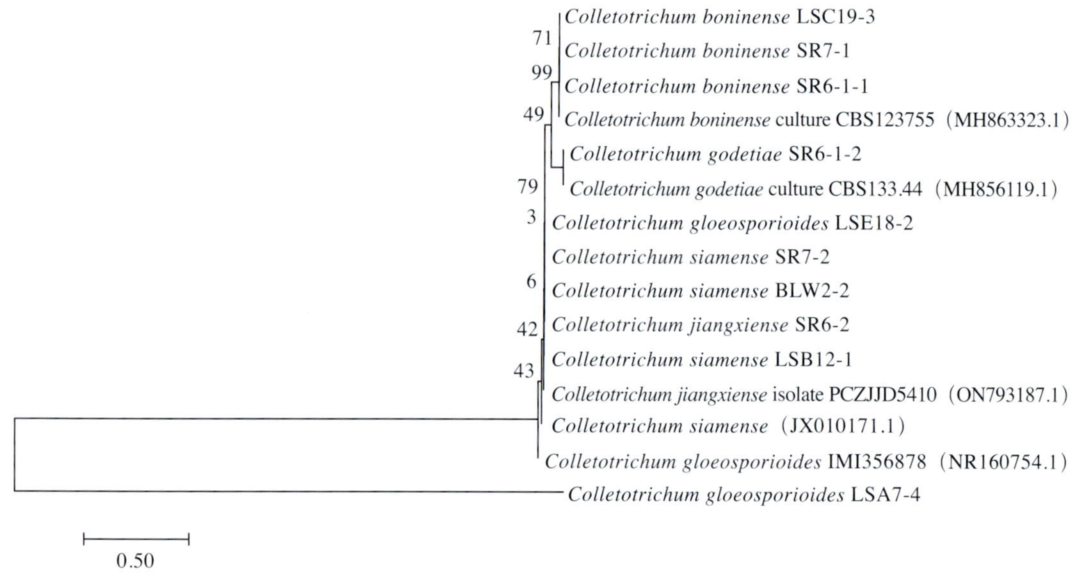

图4-16　根据ITS序列建立的炭疽菌属邻接法系统发育树

注：比例尺表示每个核苷酸的替换数。

菌株YPFR3-3在PDA培养基上的菌落呈白色、圆形，致密；在21～24℃和光照条件下培养3d后，单独或成链观察到有隔膜、分枝的菌丝体和透明、圆柱形、单细胞的分生孢子，（10.0～20.0）μm×（7.5～10.0）μm（图4-17）。

选取具有代表性的菌株YPFR3-3进行菌饼回接，每个果实接种3个菌饼，放入无菌瓶里保湿，然后放入25℃恒温箱。接种5d后开始发病，22d后果实完全腐烂。

BLAST同源性搜索结果显示，菌株YPFR2-3、YPFR3-3、YPFR4-1、YPFR4-2、WTWFR3-2与酵母菌白地霉（*Geotrichum candidum*）的序列同源性高达99%以上，系统发育分析表明聚集在一个分支，根据形态学特征与系统发育分析结果，鉴定为白地霉（图4-18）。

图4-17　YPFR3-3回接试验症状及菌落、分生孢子形态
A.回接试验症状　B.菌落形态　C.分生孢子

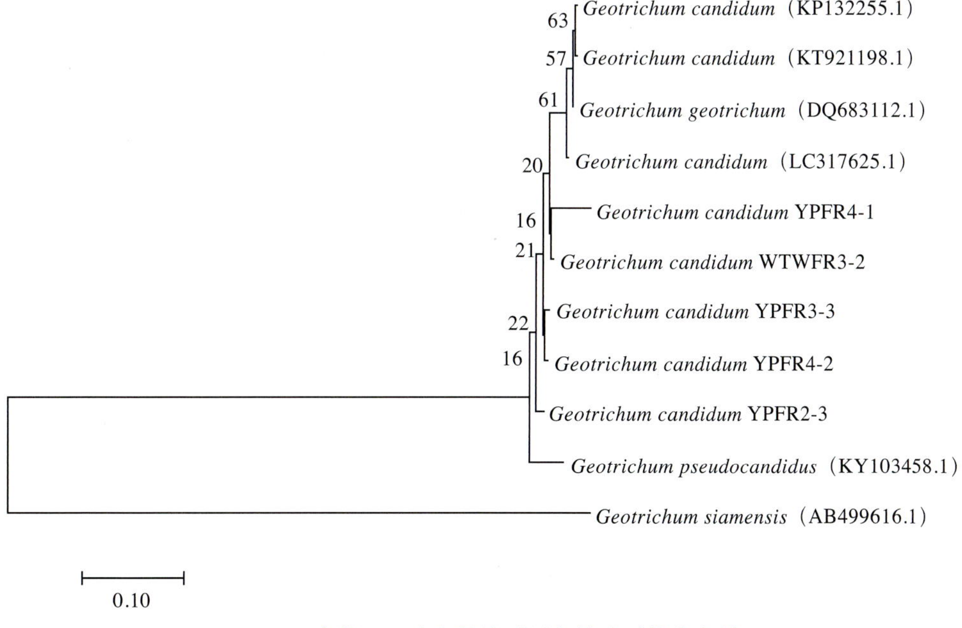

图4-18　根据ITS建立的地霉属邻接法系统发育树
注：比例尺表示每个核苷酸的替换数。

2.褐斑病

病原菌致病性及鉴定：褐斑病主要由禾谷镰刀菌（*Fusarium graminearum*）引起，是一种真菌病害。菌落在PDA培养基上呈圆形、绒毛状，气生菌丝茂密，胭脂红色，边缘白色，并在其中产生红色素。分生孢子具有两型现象，大分生孢子大小为（43.0 ~ 90.0）μm×（2.7 ~ 5.4）μm，4 ~ 6个间隔，有足形的基底细胞和细长的顶端细胞（图4-19）。

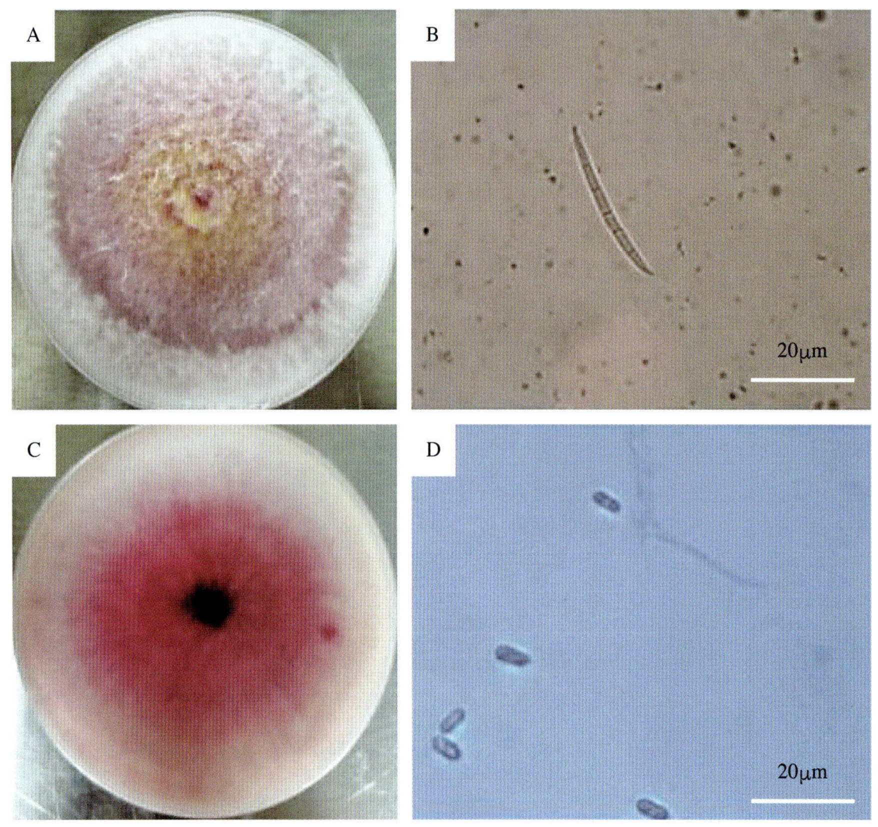

图4-19　BLW1-3-F菌落形态与分生孢子
A.菌落正面　B.大孢子　C.菌落背面　D.小孢子

病原以菌丝体或分生孢子在枯叶或土壤里越冬，借助气流或风、雨传播。春季开始发生，秋初危害严重，高温高湿、光照不足、通风不良等条件下及多年种植区容易发生。该病原菌在21 ~ 35℃条件下均能生长和产孢，菌丝生长和产孢的最适温度为27℃；在全光照条件下菌丝生长最快、产孢量最高，黑暗条件对分生孢子的萌发及菌丝生长有抑制作用；pH在4 ~ 12时，病原菌能生长和产孢，其中，菌丝生长的最适pH为8，产孢的最适pH为7；在不同碳源中菌丝生长速度及菌落形态存在明显差异，菌丝在含有山梨醇和可溶性淀粉的培养基中生长最为理想，葡萄糖最差，在含有可溶性淀粉和甘露醇的培养基中产孢最多，果糖和蔗糖最差；在不同氮源中菌丝生长速度及菌落形态存在明显差异，菌丝在含有牛肉膏的培养基中生长最为理想，硫酸铵和尿素最差，在含有牛肉膏和甘氨酸的培养基中产孢最多，而在含有尿素和硫酸铵的培养基中不产孢；80℃恒温处理10min致死。

选取具有代表性的菌株Ayb-3、BLW1-3-F的孢子悬浮液回接，浓度为10^6个/mL，喷洒在健康草果叶片上，每张叶片以灭菌接种针刺伤，接种Ayb-3的叶片不保湿，接种BLW1-3-F的叶片保湿。接种14d后开始发病，21d后形成明显的病斑，病斑边缘有明显的黄色晕圈（图4-20）。

图4-20 接种Ayb-3 21d的症状（A）和接种BLW1-3-F 21d的症状（B）

菌株Ayb-3、BLW1-3-F的PCR产物长度分别为548bp、539bp，BLAST同源性搜索结果显示，与禾谷镰刀菌的序列同源性都高达99.81%以上。系统发育分析显示，菌株Ayb-3、BLW1-3-F聚集在一个分支，表明二者具有很近的亲缘关系，并与*Fusarium acaciae-mearnsii* strain LC13786聚为最近的进化支，结合形态学特征鉴定结果，确定菌株Ayb-3、BLW1-3-F均为禾谷镰刀菌（图4-21）。

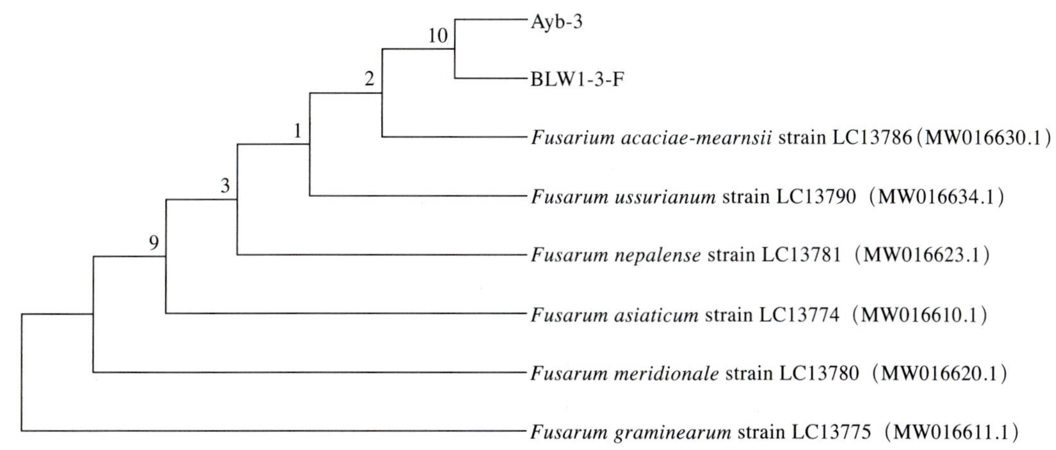

图4-21 根据ITS建立的镰刀菌属邻接法系统发育树

3.叶枯病

病原菌致病性及鉴定：叶枯病主要由拟盘多毛孢属、新拟盘多毛孢属（*Neopestalotiopsis*）引起，是一种真菌病害。拟盘多毛孢属分孢子呈纺锤形，有4个真隔膜，孢子大小为（18.85 ~ 22.67）μm ×（4.68 ~ 6.97）μm；中央3个细胞褐色，颜色浅；顶端细胞圆锥形，无色，附属丝多为3根，长13.25 ~ 29.59μm；基细胞倒圆锥形，无色，具短柄。

不同培养基的培养结果显示，氮源对拟盘多毛孢属菌Ayb-2的生长速度和菌落状态以及产孢量的影响比碳源大，供试碳源中以蔗糖和葡萄糖效果最好，甘露醇最差；氮源中以牛肉膏和蛋白胨效果最为理想，草酸铵、甘氨酸和尿素最差，其中尿素不长菌丝，且供试的几种氮源中，除牛肉膏和蛋白胨外均不利于产孢。适宜菌丝生长和产孢的pH范围为6 ~ 8，最适生长和产孢的pH为6。温度对Ayb-2的生长具有显著的影响，菌丝生长和产孢的最适宜温度为25 ~ 28℃，在19 ~ 30℃时菌丝生长良好，低于19℃或高于31℃均不利于菌丝生长。不同光照条件对Ayb-2菌丝生长没有太大影响。该菌菌丝的致死温度为55℃（10min）。

选取具有代表性的菌株LSB2-2的孢子悬浮液回接，浓度为10^6个/mL，喷洒在健康草果叶片上，每张叶片接菌后覆盖无菌脱脂棉保湿7d。接种14d后开始发病，21d后叶面出现针尖大小的密密麻麻、深浅不一的水浸状斑点，随后沿叶脉黄化、枯死（图4-22、图4-23）。

图4-22　接种LSH2-2 21d的症状

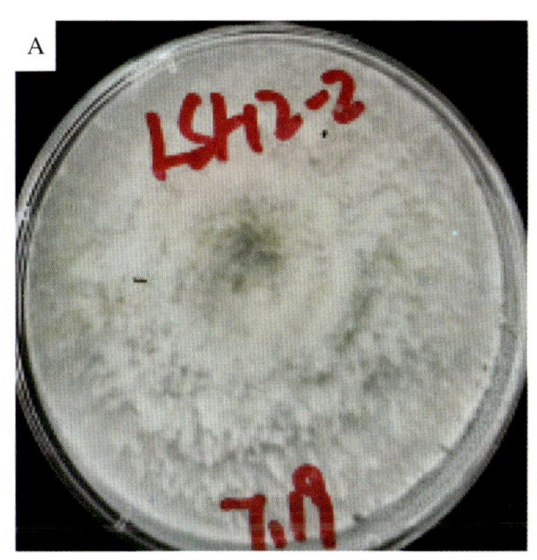

图4-23　LSH2-2菌落形态（A）及分生孢子（B）

BLAST同源性搜索结果显示，菌株LSB16-1、LSB12-3、WTWFR3-3与肯尼亚拟盘多毛孢（*Pestalotiopsis kenyana*）的序列同源性高达99%以上；ALSE19-2、LSE19-1-1、LSH2-2与无柄拟盘多毛孢（*Pestalotiopsis neglecta*）的序列同源性高达99%以上；LSG15-1、LSE19-1-1、BLW2-3与腐生新拟盘多毛孢（*Neopestalotiopsis saprophytica*）的序列同源性高达99%以上；WTWFR3-3B与小新拟盘多毛孢（*Neopestalotiopsis parvum*）的序列同源性高达99%以上。系统发育分析表明，上述菌株均与对应的种类聚集在一个分支。其中，LSH2-2经形态学特征与系统发育分析，鉴定为无柄拟盘多毛孢（图4-24）。

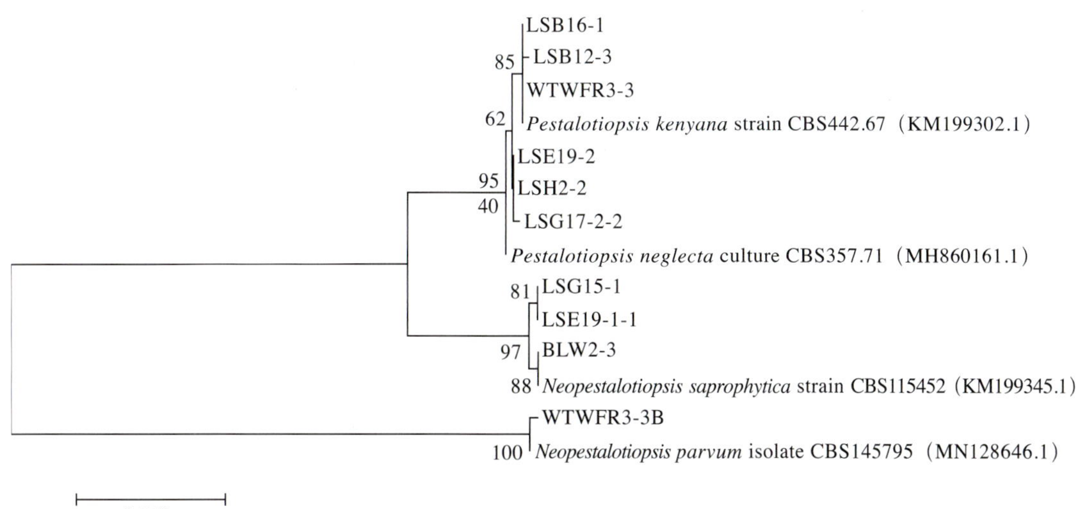

图4-24　根据ITS建立的邻接法系统发育树

注：比例尺表示每个核苷酸的替换数。

4. 褐色轮纹病

病原菌：褐色轮纹病主要由链格孢属真菌引起。在PDA培养基上培养5d的真菌菌落为直径8～9cm，中心灰色，边缘苍白。分生孢子为棕色、倒棒状、倒梨形或卵球形至椭圆形，1～6个横向间隔和0～3个纵向或斜向间隔，（14～42）μm×（6～12）μm。

选取具有代表性的菌株LSA6-1-3、LSG17-2-1的孢子悬浮液回接，浓度为10^6个/mL，喷洒在健康草果叶片上，每张叶片接菌后覆盖无菌脱脂棉保湿7d。接种14d后开始发病，30d后叶片大面积黄化、枯死（图4-25）。

图4-25　致病菌回接试验症状及菌落形态、分生孢子
A～B.回接试验症状　C.菌落正面　D.菌落背面　E.分生孢子

BLAST同源性搜索结果显示，菌株AT7、AT9、AT10、AT11、AT12、AT13、AT14、AT16、LSA6-1-3、LSA6-1-4、LSG17-2-1与交链格孢（*Alternaria alternata*）的序列同源性高达100%。系统发育分析表明，菌株LSG17-2-1与交链格孢等聚集在一个分支，LSA6-1-3、LSA6-1-4形成一个单独的分支，AT7、AT9、AT10、AT11、AT12、AT13、AT14、AT16形成一个单独的分支，结合形态学特征鉴定结果，上述菌株暂定为*Alternaria* sp.（图4-26）

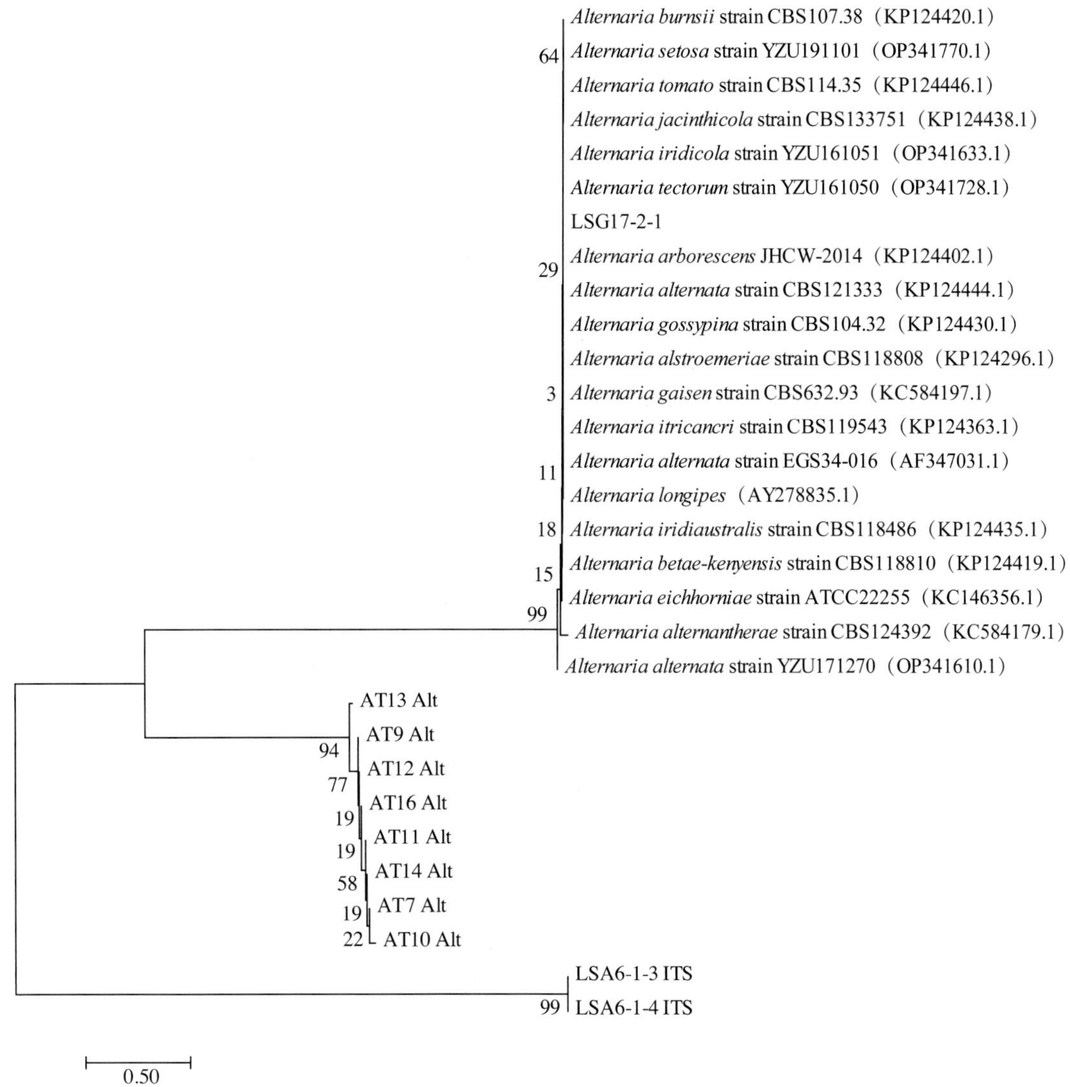

图4-26　根据ITS建立的邻接法系统发育树

注：比例尺表示每个核苷酸的替换数。

病原菌以分生孢子或附着在植物残体上的菌丝度过环境条件不良时期。病原菌在24 ~ 37℃都能生长，最适宜温度为26 ~ 28℃。在连续光照条件下菌丝生长最好，在连续黑暗条件下产孢量最多，而在交替光照条件下菌丝生长量和产孢量都介于中间。在pH 4 ~ 10条件下，病原菌均能正常生长和产孢，菌丝生长和产孢量的最适pH分别为8和6。在不同碳源培养基上菌丝都生长较好，以山梨醇效果最为突出，其次是葡萄糖和淀粉，但差异不大；孢子则以淀粉为碳源时产量最大，山梨醇次之，两种碳源效果差异不大，但与其他碳源有较大差异。在氮源中，除了使用尿素后既不生长菌丝也不产孢子，使用其他10种氮源均可长出菌丝和孢子。以硝酸钾为氮源时菌丝生长最好，明胶次之；以硝酸钠为氮源时产孢量最多，其次是蛋白胨，这两种氮源的效果和其他氮源差异较大。菌丝致死温度为49℃。

5.黄色条斑病

病原菌与致病性鉴定：黄色条斑病主要由四川肠杆菌引起，是一种细菌性病害。病原为四川肠杆菌及一待定种类（图4-27）。

图4-27 回接试验症状

四川肠杆菌椭圆形，革兰氏阴性，氧化酶反应阴性，过氧化氢酶反应阳性，大小为（0.95 ~ 1.37）μm×（0.58 ~ 0.86）μm，平均为1.19μm ×0.66 μm（图4-28）。

4个致病菌株与四川肠杆菌的相似性在99.41%~ 100%，选取相似性在98%以上的菌株序列，构建基于16S rRNA基因的N-J系统发育树（图4-29）。系统发育分析显示，AlSF6、ALSF3-2与四川肠杆菌聚集在一支，BLW1-3、WLSF3-1单独聚集在一支，为一未知种。

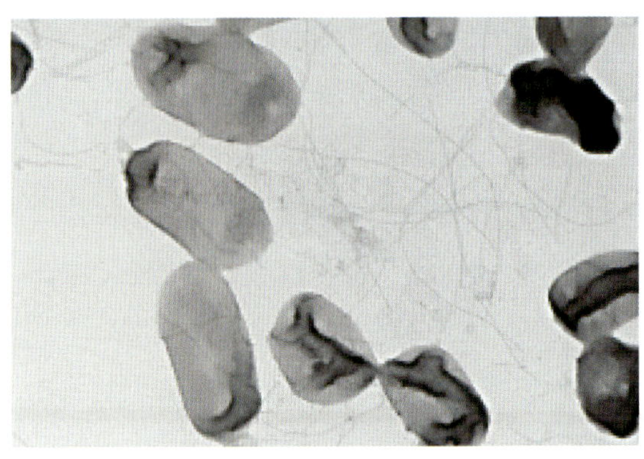
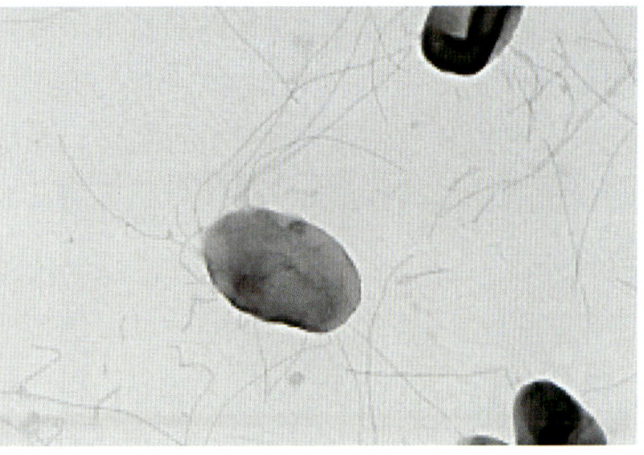

图4-28　四川肠杆菌孢子形态

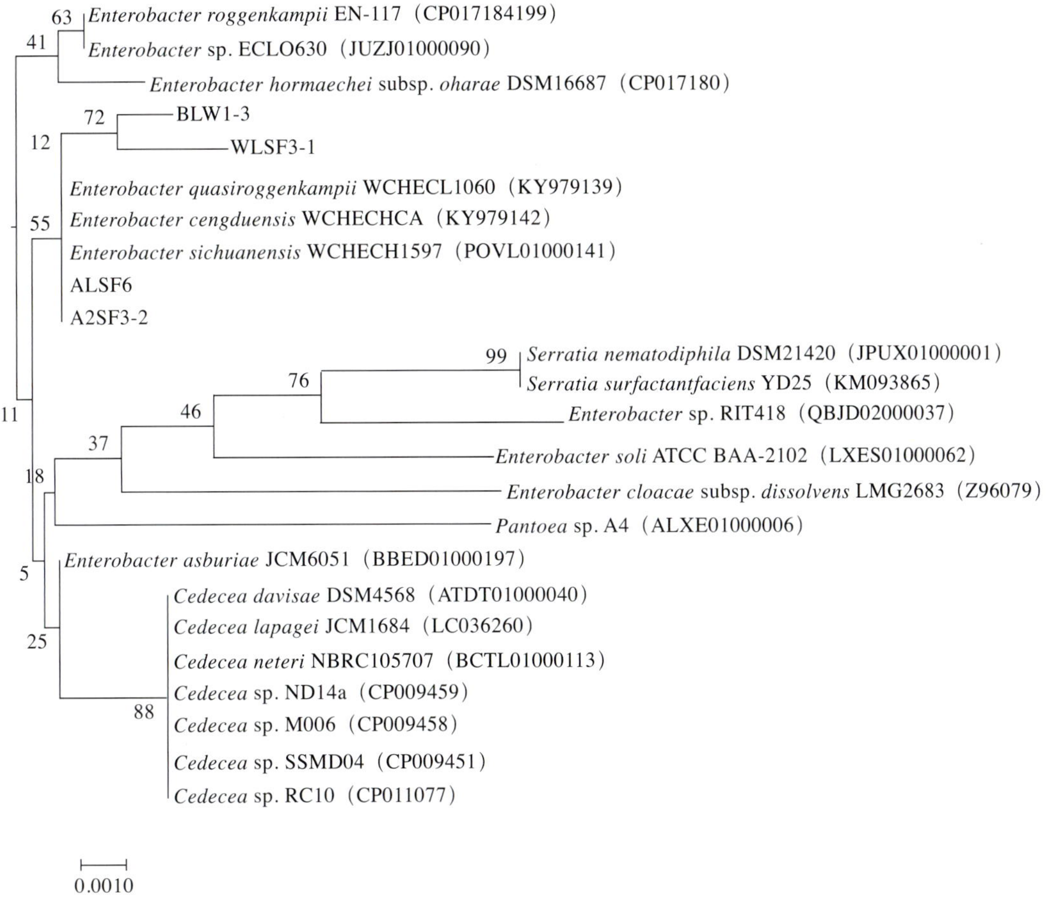

63 *Enterobacter roggenkampii* EN-117（CP017184199）
41 *Enterobacter* sp. ECLO630（JUZJ01000090）
Enterobacter hormaechei subsp. *oharae* DSM16687（CP017180）
72 BLW1-3
12 WLSF3-1
Enterobacter quasiroggenkampii WCHECL1060（KY979139）
55 *Enterobacter cengduensis* WCHECHCA（KY979142）
Enterobacter sichuanensis WCHECH1597（POVL01000141）
ALSF6
A2SF3-2
99 *Serratia nematodiphila* DSM21420（JPUX01000001）
76 *Serratia surfactantfaciens* YD25（KM093865）
11 46 *Enterobacter* sp. RIT418（QBJD02000037）
37 *Enterobacter soli* ATCC BAA-2102（LXES01000062）
18 *Enterobacter cloacae* subsp. *dissolvens* LMG2683（Z96079）
Pantoea sp. A4（ALXE01000006）
Enterobacter asburiae JCM6051（BBED01000197）
5 *Cedecea davisae* DSM4568（ATDT01000040）
Cedecea lapagei JCM1684（LC036260）
25 *Cedecea neteri* NBRC105707（BCTL01000113）
Cedecea sp. ND14a（CP009459）
88 *Cedecea* sp. M006（CP009458）
Cedecea sp. SSMD04（CP009451）
Cedecea sp. RC10（CP011077）

0.0010

图4-29　基于16S rRNA基因片段建立的N-J系统发育树
注：比例尺表示每个核苷酸的替换数。

6.褪绿条斑病

病原体：褪绿条斑病病样叶片汁液负染色后，在电子显微镜下可观察到线状病毒粒子，经转录组测序及RT-PCR分析，该病毒为马铃薯Y病毒科的草果条纹花叶病毒（图4-30）[12]。

图4-30　褪绿条斑病症状（A）和褪绿条斑病病毒颗粒（B）

7.藻斑病

藻斑病由2种藻类引起，蓝灰色藻斑病病原体为寄生性头孢藻，红色藻斑病病原体为寄生性红锈藻。

8.假茎黑斑病

病原菌：假茎黑斑病是由小孢拟盘多毛孢引起的一种真菌病害。

假茎黑斑病在福贡县零星发生，主要发生在茎秆被虫子咬伤后。小孢拟盘多毛孢CGJ-3在以葡萄糖、甘露醇、山梨醇、果糖、蔗糖、麦芽糖、淀粉和木糖为碳源的培养基上均能生长及产孢，葡萄糖为最适合菌丝生长的碳源，果糖是最适合产孢的碳源；除了尿素，该菌在以牛肉膏、蛋白胨、甘氨酸、硝酸钾、硝酸钠、磷酸铵、硝酸铵、甲硫氨酸和硫氨酸为氮源的培养基上都能生长及产孢，牛肉膏既是最适合菌丝生长的氮源，也是最适合产孢的氮源；病菌适宜生长温度为23 ~ 29℃，最适温度为27℃，适宜产孢温度范围为25 ~ 27℃，最适温度为27℃；光照能促进病原菌的生长、产孢，应栽种常绿阔叶树遮阴，抑制病菌的繁殖；该菌在pH 4 ~ 12条件下都能生长，在pH 4 ~ 11条件下都能产孢，最适生长pH为6，最适产孢pH为7。

病原菌致病性与鉴定：制备浓度为10^6个/mL的孢子悬浮液，喷洒在屏边县大围山的草果茎秆上，相对湿度80%~ 95%，接种15d后出现类似自然发病状态的病斑（图4-31）。

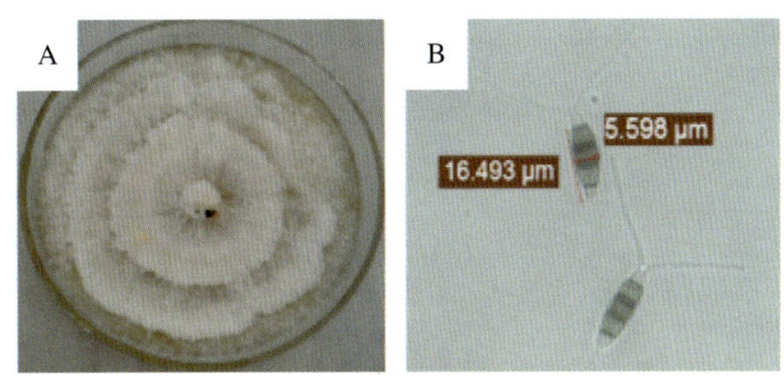

图4-31　CGJ-3菌落形态（A）与分生孢子（B）

病原菌在PDA培养基上生长迅速，菌落呈圆形，菌丝呈白色絮状，子实体呈墨汁状，排列在菌落中央，比较密集。菌丝层分布均匀，无轮纹，背面产生淡橘黄色的色素。在28℃的光照条件下，10d后在菌落表面可见到分布不均匀的黑色油滴状物。分生孢子梗短，无色；分生孢子为纺锤形，具有4个隔膜，将其分割成5个细胞，隔膜明显，但分割处缢缩不明显，孢子直或稍弯曲，(22.5 ~ 26.4) μm × (6.2 ~ 8.3) μm，中间3个细胞有色。该菌与小孢拟盘多毛孢的形态学特征一致。

4个致病菌株（GenBank登录号为KT459348、KT459349、KT459350和KT459351）的rDNA内转录间隔区（ITS）序列与其他致病性小孢拟盘多毛孢（GenBank登录号为DQ001009、DQ456865、KP231875和HM190153）的同源性为99%（图4-32）。系

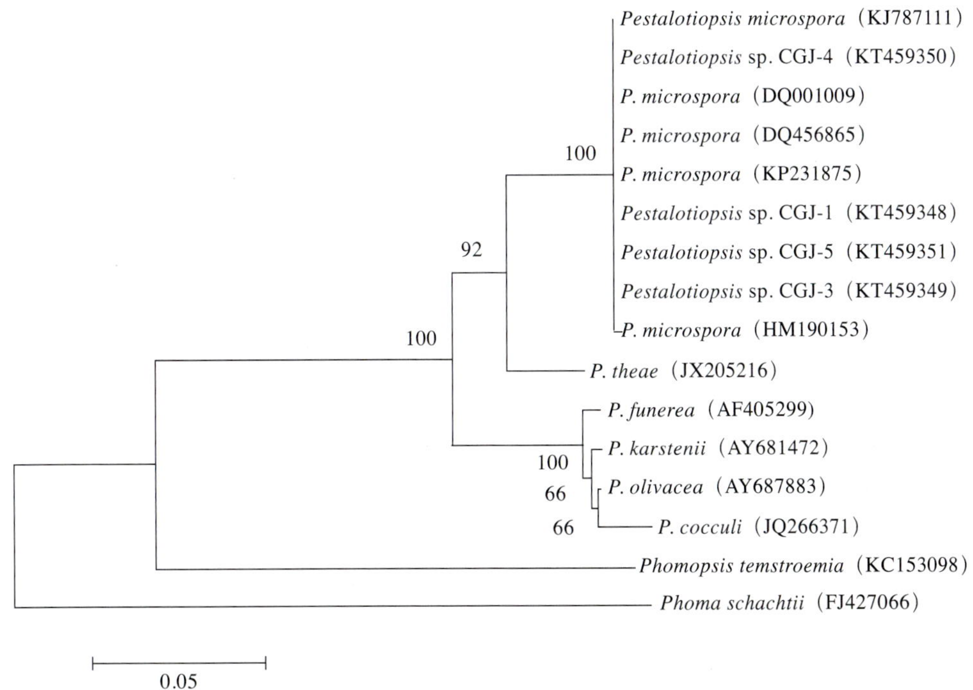

图4-32　基于ITS rRNA基因序列对4个致病性分离物和其他相关病原菌以及2个外群种的菌株进行系统发育分析

注：比例尺表示每个核苷酸的替换数。

统发育分析和形态学观察结果均表明，这4个菌株为小孢拟盘多毛孢（*Pestalotiopsis microspora*）。此前曾有报道称，这种真菌会引起夏威夷番石榴的果实靶斑病、中国的红叶菜和韩国的钝叶胡椒的叶枯病。

（二）草果病原菌、拮抗菌及生物菌剂研发

1.草果内生菌的分离、形态学和分子生物学鉴定

（1）菌株分离。将草果疫病根茎基部洗净，晾干，在病健交界处剪取5mm × 5mm组织。用灭菌水清洗表面3 ～ 5次，在75%酒精和0.1%升汞中进行表面消毒15s后，用灭菌水清洗，然后移入PDA培养基平板上。培养皿放入25℃恒温培养箱中观察分离物的生长情况，菌落形成后，挑选边缘纯化菌丝转接至PDA培养基斜面保存[13]。

（2）形态和生物学鉴定。在显微镜下观察菌丝、分生孢子梗和分生孢子的形态特征，测量大小等，参照有关资料进行鉴定。选用PDA、V8汁、玉米面、番茄汁、燕麦片、胡萝卜、黑麦、大豆汁、草果茎叶组织汁共9种培养基评价培养基对病原菌生长的影响。将番茄汁培养基pH调至3、4、5、6、7、8、9、10、11，接种病原菌，在25℃的恒温培养箱中连续观察培养7d，测量菌落直径，评价pH对病原菌生长的影响。将病原菌接种在番茄汁培养基上，于0、5、10、15、20、25、30、40℃ 的人工气候箱中培养7d后，测量菌落直径，评价温度对菌株生长的影响。采用不同组合的培养基评价不同碳源、氮源对病原菌生长的影响，结合《真菌鉴定手册》进行鉴定。

（3）分子鉴定。培养1周左右的菌株经液氮研磨后采用CTAB法提取基因组DNA，再将提取出来的DNA在PCR仪上进行ITS-rDNA 的扩增，扩增所用的引物为ITS1（5′ -TCCGTAGGTGAACCTGCGG-3′）和ITS4（5′ -TCCTCCGCTTATTGATATGC-3′）。PCR扩增反应体系为30μL，扩增的条件为95℃预变性5min；95℃变性30s，55℃退火30s，72℃延伸1min，进行35个循环；72℃最后延伸10min，12℃保存。采用试剂盒对PCR产物进行纯化，琼脂糖凝胶电泳检测出现正确条带后，进行基因测序，测序成功后对真菌的ITS序列用MEGA X软件去除多余序列，保留波峰较整齐的序列，然后对真菌的ITS序列进行BLAST分析比对，根据序列相似度≥ 97%来确定真菌种属地位。

2.细菌的分离、形态鉴定和分子鉴定

（1）菌株分离。采集健康草果植株的根际土壤，选用LB固体培养基作为分离平板，称取1g土样于无菌试管中，加入10mL无菌水，放入28℃、200r/min摇床振荡30min后，用无菌水对土样进行倍比稀释，依次获得稀释倍数为10^{-1}、10^{-2}、10^{-3}、10^{-4}的土样溶液，由于细菌菌体数庞大，只取稀释倍数为10^{-2}、10^{-3}、10^{-4}的土样样液各100μL涂布平板，重复3次。LB平板在28℃恒温培养3d后观察并挑取细菌菌株，纯化、继代[14-15]。

挑取纯化的细菌菌落接于PDA培养基平板的一侧，另一侧接取从草果中分离出

的病原真菌，放在28℃恒温箱中倒置培养7d后，鉴定具有抑制病原菌生长作用的细菌。

（2）形态学、生物学鉴定。开展革兰氏染色反应、接触酶反应、甲基红反应、淀粉水解反应、7% NaCl耐受反应测试。可参考《常见细菌系统鉴定手册》中的菌株分子鉴定方法：①使用商品化试剂盒提取细菌DNA，并用超微量紫外分光光度计检测DNA浓度。②选择16S rDNA保守区引物对细菌基因组的16S rDNA序列进行扩增，使用27F/1492R引物进行扩增可获得包含V1 ~ V9高变区的序列。③采用琼脂糖凝胶电泳法检测核酸扩增产物。在紫外凝胶成像仪上检视，核酸扩增产物应在约1 500bp的位置出现1条目的条带。④根据琼脂糖凝胶电泳胶图选择切胶回收或者采用酶消化的方式纯化扩增产物，以去除扩增产物中的多余引物或非特异性扩增条带。⑤使用扩增引物作为测序引物，分别进行测序PCR扩增。⑥采用磁珠法或商品化试剂盒对测序PCR扩增产物进行纯化，去除多余的染料。⑦使用3 500XL基因分析仪对纯化后的测序PCR扩增产物进行电泳检测。⑧去除测序结果前、后端部分序列后，使用NCBI等数据库进行比对，根据比对结果判断样本所属种属。

3.链霉菌的分离、形态鉴定和分子鉴定

（1）菌株分离方法。采集草果病株根际地表以下10cm处的土壤，选用改良高氏一号培养基作为分离平板，用无菌水对土样进行倍比稀释，依次获得稀释倍数为10^{-1}、10^{-2}、10^{-3}的土样溶液，各取100μL涂布平板，重复3次，在28℃恒温箱中倒置培养14d后观察，并挑取链霉菌至ISP4上培养纯化。

挑取纯化的链霉菌菌落接于PDA培养基平板的一侧，另一侧接取从草果中分离出的病原真菌，放在28℃恒温箱中倒置培养7d后，鉴定抑制病原菌生长的链霉菌。

（2）形态学、生物学鉴定。①观察培养特征：主要观察孢子、气生菌丝体、基内菌丝体的颜色和可溶性色素的颜色。具体操作为将菌种接种在高氏一号、察氏、葡萄糖天门冬素琼脂培养基和马铃薯块上，分别记载培养7d、15d和30d的特征。观察孢子丝与孢子（即孢子堆）的颜色、气生菌丝的颜色、基内菌丝的颜色以及可溶性色素的颜色。还可以将菌株气生菌丝的外貌作为参考特征。②观察形态特征：孢子丝的形状是另一个重要的观察点，包括直形、波曲形、螺旋形（螺旋的数目与螺旋松紧之分）和孢子丝的着生方式（轮生、非轮生）。

（3）菌株的分子鉴定方法。利用细菌DNA微量提取试剂盒提取细菌基因组DNA，并通过经EB染色的1%琼脂糖凝胶电泳检验，使用通用引物16S-F/16S-R对链霉菌核糖体小亚基16S RNA的基因进行PCR扩增，对PCR扩增出来的目的片段进行测序后，对测序出来的序列进行分析，以判断未知微生物的种系归属[16]。根据核酸分析结果，结合实验室分析以及实际应用环境等，最终确认鉴定结果。

4.生防菌剂的研发

挑选具有抑制病原菌生长作用的细菌菌株，和具有解磷、解钾或固氮功能的细菌菌株，采用两两交叉法判断有无互相抑制作用。确定没有互相抑制作用后，筛选出适宜菌体生长的培养基。生防菌剂研发具有以下显著优点：对设备的要求不高，操作简单，成本低，适合大规模生产，可有效改良土壤环境，降低草果病害发生率。

采集的菌株样本来自原生境的土壤，可以有效避免施用的菌剂不适用于当地的问题。

（三）生防菌控制草果镰刀菌萎蔫病的防效

采用淡紫拟青霉、粉红粘帚霉、哈茨木霉加芽孢杆菌、恶霉灵加枯草芽孢杆菌处理4个月，设置对照组（不加任何生防菌剂与农药），每种处理1亩地，每种处理调查半亩地，统计发病率与病情指数。发病率计算公式：总病丛数 ÷ 总丛数 ×100%。病情指数计算公式：各级病丛数 × 相对级数的代表值）÷（总丛数 × 最高级数代表值）×100。

淡紫拟青霉、恶霉灵加枯草芽孢杆菌、哈茨木霉加芽孢杆菌、粉红粘帚霉均能有效降低萎蔫病发病率和病情指数，病情指数依次为25.53、32.46、42.07、42.22，均低于对照组的56.50。

（四）草果病害防控措施

（1）选择和培育具有抗病性的草果品种。

（2）种子繁殖：选择果皮紫红色、个体大、种子饱满、健康的果实留种育苗，幼苗出土后喷洒1∶1∶120波尔多液。分株繁育：选取健壮高产母株上的新生植株作为种苗。

（3）育苗移栽或分株移植时，采用枯草芽孢杆菌或70%甲基托布津或代森锰锌浸根消毒。播种前用多菌灵杀菌剂对土壤进行消毒，不宜密植，以150棵/亩为宜。

（4）选择适宜的地块。土质疏松，腐殖质含量高，春季环境相对湿度达75%以上，靠近小溪、山沟的山地，海拔1 100 ～ 1 800m的山坡地。

（5）种植桤木、尼泊尔桤木、白瑞香等长势快的阔叶树防治日灼，在树木长起来之前可加盖遮阳网，郁闭度55%（苗期郁闭度60%～70%）。

（6）病菌喜欢酸性土壤，可采用碱性镁调节pH至6.5 ～ 7.0，每次每亩用50kg，共用3次。或者每亩撒生石灰粉300kg左右，然后翻土至少20cm深，尽可能地使生石灰粉与土接触。

（7）田间发现萎蔫症状时，将地上表现萎蔫的茎、叶及连接的主根用消毒的镰刀（以70%酒精浸泡消毒）割除，带出田间焚毁，原地撒生石灰消毒。配制恶霉灵加芽孢杆菌，对草果近地面的茎秆喷雾至药液顺着茎秆流淌渗入根部，不要在雨后或即将下雨时施药。

(8) 12月采收草果的同时砍掉当年结果的老枝，在草果采收后、翌年4月抽新叶时和7月果实发育期这3个时期，每丛追施腐熟的农家肥1.5kg和钙镁磷肥0.5kg，补施草木灰，12月的施肥可结合培土、壮苗[9]。

(9) 物理阻隔病菌传播，可在草果地套作重楼、三七等非姜科的喜阴高附加值作物。

(10) 加强田间管理，雨天注意排水，湿度过大易引发病害，干旱时注意喷灌，清除杂草，及时清理病枝、老枝，调整遮阴树的郁闭度，改善通风透光条件。

(11) 草果开花期交替喷施0.1%硼肥、过磷酸钙及草果专用微生物菌肥作叶面肥，可保花果、拮抗病原菌、强植株。

(12) 保护好生态环境，尤其是各种鸟类及排蜂、小酸蜂等授粉昆虫，不乱砍伐、不狩猎，鼓励养殖蜜蜂。

常用杀菌剂及壮根产品见表4-1。

表4-1 常用杀菌剂及壮根产品

序号	名称	规格	厂家	用法	备注
1	天达99恶霉灵	99%，10g/袋	潍坊华诺生物科技有限公司	3 000 ~ 4 000倍	见效快，化学杀菌剂
2	太抗哈茨木霉菌	1亿CFU/g，30g/袋	成都特普生物科技股份有限公司	15g/桶	见效慢，生物杀菌剂
3	太抗枯草芽孢杆菌	1亿CFU/g，30g/袋	成都特普生物科技股份有限公司	15g/桶	见效慢，生物杀菌剂
4	宁南霉素	8%，100mL	德强生物股份有限公司	75 ~ 100mL/亩	见效快，生物杀菌剂
5	克无菌	75%氯溴异氰尿酸，200g/瓶	山东沃亿佳生物科技有限公司	1 500 ~ 2 000倍	见效快，化学杀菌剂
6	加收米	2%春雷霉素，1 000mL/瓶	日本北兴化学工业株式会社	140 ~ 175mL/亩	见效快，化学杀菌剂
7	无细	12%中生菌素，80g/袋	福建凯立生物制品有限公司	25 ~ 30g/亩	见效快，生物杀菌剂
8	乙蒜素	80%乙蒜素，100g/瓶		1 000 ~ 2 000倍	见效快，化学杀菌剂
9	沃家福	海藻酸水溶肥，500mL/瓶	浙江石原金牛特种肥料有限公司	500 ~ 1 000倍	见效慢，生物杀菌剂

参考文献

[1]包玲凤，杨群辉，张庆，等．草果三种真菌性叶部病害病原鉴定及生物学特性测定[J]．西南农业学报，2022, 35(8): 1833-1840.

[2]章一鸣，刘云龙，朱开明，等．草果叶瘟病的病原菌鉴定[J]．西部林业科学，2015, 44(1): 149-151.

[3]张玲琪，盛玲玲．草果病害的初步研究[J]．云南大学学报（自然科学版），1991(3): 255-261.

[4]泽桑梓，胡光辉，阮玉灿，等．文山州草果萎蔫性病害病原研究[J]．西部林业科学，2011, 40(1): 57-61.

[5]Guo J, Yang L, Liu Y, et al. First Report of Pseudostem Black Spot Caused by *Pestalotiopsis microspora* on Tsao-ko in Yunnan, China[J]. Plant Disease, 2016, 100(5): 1021.

[6]李新华．草果萎蔫性死亡病因及其防治技术措施[J]．南方农业，2017, 11(11): 33-34.

[7]泽桑梓，胡光辉，刘永国，等．草果萎蔫性死亡病因及其防治技术措施[J]．林业实用技术，2011(8): 48.

[8]褚勇，廖良坤，元超．怒江草果主要病虫害种类及危害[J]．中文科技期刊数据库（全文版）农业科学，2023(7): 60-64.

[9]杨真海，余艳梅．架科底乡草果种植及病虫害防治要点综述[J]．农业开发与装备，2015(12): 153.

[10]李秀君．不同郁闭度·雪灾·干旱对草果成活率的影响[J]．安徽农业科学，2015, 43(16): 88-89.

[11] Yu X, Zou X, Zhang L, et al. Complete genome sequence of tsaoko stripe mosaic virus, a novel macluravirus found in *Amomum tsaoko*[J]. Archives of virology, 2024, 169 (12): 246.

[12]杨春莲，杨丽芬，郭建伟，等．草果假茎黑斑病菌小孢拟盘多毛孢的生物学特性分析[J]．植物医学，2024, 3(5): 8-15.

[13]郭建伟，郭娟，刘艳红，等．草果果腐病拮抗内生菌的筛选与初步鉴定[J]．江苏农业科学，2014, 42(8): 116 -117.

[14]郭建伟，罗冰，杨丽芬，等．草果果腐病拮抗产芽孢细菌的筛选与鉴定[J]．江苏农业科学，2015, 43(10): 176-179.

[15]Mohamad O A A, Li L, Ma J B, et al. Evaluation of the Antimicrobial Activity of Endophytic Bacterial Populations from Chinese Traditional Medicinal Plant Licorice and Characterization of the Bioactive Secondary Metabolites Produced by Bacillus atrophaeus Against *Verticillium dahliae*[J]. Frontiers in Microbiology, 2018, 9: 924.

[16]祖丽皮亚木·木沙尔，李丽，郭建伟，等．甘草内生细菌对4种植物病原菌的抑菌谱及其16S rRNA系统发育分析[J]．西北农业学报，2018, 27(9): 1367-1374.

第五章 Chapter 5 常见虫害及防控技术

一、虫害防控概述

深入践行习近平生态文明思想，贯彻落实习近平总书记考察云南重要讲话以及对高黎贡山生物生态安全风险防范和保护工作重要批示精神，贯彻落实云南省委、省政府高黎贡山生态保护及边境安全座谈会精神和省委、省政府怒江现场办公会精神，始终牢记“国之大者”，牢固树立总体国家安全观。高黎贡山的生物资源极为丰富，生态保护价值极高，是维护我国西南生物生态安全的第一道屏障，是中国生物多样性关键性地区，是世界生物多样性热点地区和十大濒危森林生物多样性地区之一，全力以赴做好高黎贡山生物生态安全风险防范和保护工作，牢牢守住西南生物生态安全第一道屏障，齐心协力把怒江州建设成为生物多样性保护核心区。

2022年3月，云南省委书记王宁调研怒江州时强调要持续抓好巩固脱贫攻坚成果工作，特别是要抓好以草果为代表的产业发展。草果产业是怒江州农民增收致富的一个重要产业，发展潜力很大。

怒江州的草果种植区主要分布在高黎贡山沿线，因此草果虫害的防控必须坚持“预防为主、绿色防治、综合防控”的植保方针，发展好全州的草果产业和守护高黎贡山生物生态安全同等重要。

常用虫害防控方法可分为植物检验检疫、农业防控、生物防控、物理防控以及化学防控五大类。综合防控不是多种防控技术方法的简单混合拼凑，也不是防控花样越多越好，综合防控措施的选择应以害虫在当地的发生规律为依据，各种防控技术合理组合、互不干扰，同时能够在不同害虫的不同发育阶段对其进行虫口密度的控制。虫害综合防控的目的不是将害虫完全消灭，因为其可能也是当地生物链中的一个重要环节，虫害防控的目标是将害虫种群数量控制在不暴发的安全阈值以下，使其对当地主要经济作物和环境的不利影响降到最低。

1.植物检验检疫

植物检验检疫是将危险性害虫限制于某一地区之外的一项措施，通常由国家或省（自治区、直辖市）制定和颁布一系列具有强制性的法律、法规和办法。在物流日益发达的今天，植物检验检疫的重要性尤为突出。

2.农业防控

农业防控是指在不增加额外成本的情况下，通过采用耕作栽培措施或选用抗虫品种等手段减少虫害，具有天然环保、害虫不会产生抗药性等优点，主要起预防作用。运用和改良不同农业栽培管理措施，可以杀灭地下害虫或虫蛹、虫卵，主要措施有清理果园、清除残枝、深耕松土、水旱轮作、漫灌、闷棚、间种等，可以提高作物长势、增强作物抗性，与农业生产有机结合，省时、省力。

3.生物防控

生物防控主要利用环境中生物间的相互作用达到防控作物虫害的目的，常用的有捕食性天敌、寄生性天敌、可用于治虫的虫生菌类等，由于具有防效持久、环境友好、经济安全、专属性强等特点，成为当前虫害绿色防控的重要手段。胡蜂类捕食性天敌昆虫在有效参与草果虫害生物防治的同时，可以为当地带来很好的经济效益和社会效益，蜂产品包括蜂蛹、蜂毒、蜂酒等[1]。

4.物理防控

物理防控是指利用食物、气味、颜色等吸引害虫，再借助物理器械杀灭害虫。如黄/蓝色粘虫板、太阳能频振光杀虫灯、性信息素诱捕器、高空昆虫控诱设备等。

5.化学防控

化学防控是指利用高效、低毒的化学农药进行虫害防控，具有见效快、节省人力物力、影响因素少等优点，但同时具有破坏环境、杀死天敌昆虫、农药残留等公共危害。对突发的大规模虫害可以实施点对点喷施，效果显著。

二、怒江州草果虫害发生情况

怒江州草果害虫主要为木毒蛾、舞毒蛾、欧洲玉米螟和梨星毛虫，其中木毒蛾和舞毒蛾是森林害虫、检疫对象，在怒江州主要危害松树、核桃树等遮阴树，后期逐步啃食草果叶片。此前未查到木毒蛾和舞毒蛾传入怒江州的相关记载，在2019年危害草果时才被农业农村部门发现，并被列为重点监测防控对象。

2021年调查显示，在贡山县和福贡县海拔1 200 ～ 2 050m地区，主要是毒蛾类害虫危害草果叶片，受害轻的草果叶片被吃得残缺不全；受害重的叶片全部被吃光，只剩下枝条（图5-1）。经在贡山县茨开镇、普拉底乡8个点和福贡县上帕镇、马吉乡、石月亮乡7个点实地调查，贡山县危害草果的主要为木毒蛾，福贡县危害草果的主要为木毒蛾和舞毒蛾。两种害虫同时发生，受危害的草果地块当年减产85%以上甚至绝产。

图5-1　被毒蛾类害虫啃食后的草果植株

经调查，毒蛾类害虫在怒江州的主要分布区域为泸水市洛本卓白族乡、福贡县沿江乡（镇）以及贡山县普拉底乡的沿江一带、海拔1 000 ~ 1 600m的区间带，喜欢遮阴、潮湿、阴凉的环境。沿江区间带无高山阻挡，毒蛾类害虫容易发生短距离的迁飞，加上其食性宽泛，很容易暴发。

（一）虫害分级标准

草果虫害程度分级采用4级分级法，从轻到重依次分为1 ~ 4级：虫害造成产量下降低于10%，定为1级，用+表示；虫害造成产量下降10% ~ 20%，为2级，用++表示；虫害造成产量下降20% ~ 40%，为3级，用+++表示；虫害造成产量下降超过40%，为4级，用++++表示（表5-1）。

表5-1　怒江草果主要虫害分级

害虫名称	拉丁名	科	危害部位	危害程度
木毒蛾	*Lymantria xylina*	毒蛾科	叶	++++
舞毒蛾	*Lymantria dispar*	毒蛾科	叶	++++
美洲斑潜蝇	*Liriomyza sativae*	潜蝇科	叶	++
白翅叶蝉	*Thaiarips rubiginosa*	叶蝉科	叶	+
稻直鬃蓟马	*Chloethrips oryzae*	蓟马科	叶	+

（续）

害虫名称	拉丁名	科	危害部位	危害程度
梨星毛虫	*Illiberis pruni*	斑蛾科	叶	+
欧洲玉米螟	*Pyrausat nubilalis*	螟蛾科	茎	+
皱腹潜甲	*Anisodern rugulosa*	铁甲科	根	+

（二）草果主要虫害发生原因

1.种苗引进把关不严

在《怒江州草果产业发展管理办法》出台之前，各县（市）负责种植草果项目的部门多、种苗引进渠道多、随意调种频繁，对病虫害的检疫不重视，引进的种苗几乎没有经过植物检疫机构检疫。因此，外来的病虫害随着种苗的调入而传入怒江州，逐渐成为本地病虫害。

2.防控工作重视不够

2019—2021年，舞毒蛾、木毒蛾连续3年危害草果，且呈逐年加重趋势。实地调查和走访群众时得知，农林部门在防控技术宣传、培训及物资供应等方面没有及时就位，加之广大农民群众“等、靠、要”的思想严重，没有在病虫害防控最佳时期及时开展防控，虫害严重地块的树木和草果整株叶片被吃光，仅留叶脉，草果几乎绝收。农业农村部门平时对病虫害发生情况重视不够、了解不够，无法准确向上级部门上报受害面积。

3.不适宜种植区面积的增长

随着草果种植的经济效益显著增长，沿江百姓自发种植草果较多，很多不适宜种植草果的地方也被盲目种上了草果，主要为没有遮阴树、土质差、缺乏水源、海拔过高或过低等地区，导致草果长势弱，遇到干旱年份，极易造成病虫害混合暴发。

4.气候变化异常，引起病虫害加重

2021年，前期干旱少雨，后期高温高湿，给各种病虫害的发生危害创造了有利的环境条件，特别是进入5月，舞毒蛾、木毒蛾开始进入幼虫孵化高峰期，也是草果开花授粉的关键期，没有及时开展防控、压低虫口密度，对草果产量有着直接的影响。

三、草果主要害虫种类、发生规律及防控措施

怒江州草果主要害虫共8种，分别为木毒蛾、舞毒蛾、美洲斑潜蝇、白翅叶蝉、稻直鬃蓟马、梨星毛虫、欧洲玉米螟、皱腹潜甲。其中，以木毒蛾和舞毒蛾发生较为严重，2009—2011年危害程度均为4级；皱腹潜甲的潜在危害性较大，应做好监测工作。

（一）木毒蛾

木毒蛾，鳞翅目毒蛾科毒蛾属，别名相思叶毒蛾、相思树舞毒蛾。

1.形态特征

卵：扁圆形，直径0.8 ~ 1.2mm；卵灰白色至微黄色，被黄色棕毛。卵块呈长圆形，灰褐色至黄褐色。产于树枝上。

幼虫：体长38 ~ 62mm；头壳宽5.2 ~ 6.5mm；头黄白色，具黑色“八”字形纹，有深棕色斑纹；体黑灰色或黄棕色，有黑色斑纹；背部有2排明显的毛瘤，前2节背毛瘤蓝黑色或黑棕色，偶有紫红色，第3节黑色，其余各节毛瘤红棕色或紫红色；瘤上生黑色长毛；背线黄白色，中央有2条黑色细线，亚背线黑色，带状，亚背线与气门线间黄色，密布棕色斑点；气门下线黄白色，气门下线与足间白色，有棕色斑点，体下浅黄色；足浅黄色，有棕色斑。

蛹：雄性体长17 ~ 25mm，雌性体长22 ~ 36mm；体深棕色至黑褐色；前胸背面有1个棕黑色大毛簇和一些黄色小毛簇；中胸两侧各有1个黑色绒毛状圆斑，腹部各节有多个白色小毛簇。

成虫：雄蛾翅展41 ~ 60mm，雌蛾翅展62 ~ 81mm。雄蛾头部、胸部棕灰白色；触角干基部、颈板基部红色；腹部棕灰白色，有红色斑纹；足棕灰色，有黑色和红色斑，腿节红色；前翅棕灰白色，翅基部有2个棕黑色斑点，内线棕黑色，隐约可见，中线、外线棕黑色，波浪形，缘毛有棕黑色点；后翅浅棕灰白色，前缘褐色，后缘黄色，横脉纹仅前半部明显。雌蛾胸部、腹部灰白色，微带棕色，腹部第1 ~ 4节红色；前翅棕白色，中央有1条黑棕色宽带。

2.危害特征

多以幼虫孵化后取食上层寄主（遮阴树）叶片，同时吐丝下垂，随风扩散到下层寄主（草果）叶片，高龄幼虫常将叶片啃食出缺口与孔洞，严重时吃光叶片，只剩下叶脉及茎秆，影响草果产量，甚至造成绝产。

3.发生规律

怒江州泸水市洛本卓白族乡、福贡县、贡山县主要的草果虫害多集中分布在沿江一带海拔1 200 ~ 1 600m的区域内，喜林下遮阴暖湿条件。春末夏初，随着气温的逐渐升高，木毒蛾卵开始孵化，4月下旬至5月上旬，集中孵化后开始危害遮阴树（核桃、桤木），5月中旬至6月上旬，4 ~ 6龄幼虫（暴食期）开始大量采食草果叶片，造成草果减产。

4.生活习性

1年发生1代，以卵内幼虫越冬，翌年4月中旬孵化出幼虫，初孵幼虫群集在卵块表面，静伏一至数天后，离开卵块或吐丝下垂，随风扩散[2]。

幼虫通常6龄，历期45 ～ 64d。4龄以后食料短缺时下树，幼虫耐饥力很强，4龄幼虫可停食6 ～ 10d，5 ～ 6龄幼虫可停食7 ～ 14d。

6月中下旬，老熟幼虫在枝干分叉处及石头缝隙等荫蔽处吐丝固定，经1 ～ 3d化蛹，蛹期5 ～ 14d。6月下旬至7月下旬羽化出成虫，7月上中旬为羽化盛期；雌蛾通常在12：00—18：00羽化，雄蛾通常在18：00—24：00羽化，雌蛾活动力差，常静伏在枝干上或进行短距离飞翔，雄蛾常在傍晚后活动，可长距离飞翔寻偶；成虫羽化后14 ～ 33h开始交配，交配多在20：00至翌日2：00进行；雌蛾通常仅交配1次，雄蛾通常交配2 ～ 3次；产卵多在夜间进行，大多数雌蛾产卵在距地面2 ～ 4m的枝条上，少数在树干上或叶片背面；每只雌蛾产1 ～ 3块卵，每1个卵块由350 ～ 1 500粒卵组成；成虫寿命2 ～ 9d。9月卵内的幼虫已经形成，在卵内越冬。成虫趋光性强[3]。

木毒蛾属杂食性森林害虫，寄主较多，怒江州内多见于核桃、板栗、樱桃、杉木、桤木等落叶或常绿树种。

5.防控措施

（1）检验检疫。强化外来苗木的检验检疫工作，抽检发现虫卵的苗木禁止输入或就地烧毁。

（2）物理防控。当年8月至翌年3月是木毒蛾卵期，卵块集中在常绿树上（杉木、核桃树、桤木）、房前屋后和大石块下越冬，可人工集中采集、集中烧毁。

（3）生物防控。4月中旬至5月是木毒蛾集中孵化期和低龄幼虫期。1 ～ 4龄为低龄幼虫期，是防控的最佳时机，此时木毒蛾幼虫主要集中在板栗树、核桃树等叶片背面，在农业科技主管部门的指导下，种植户可采用高压喷雾器喷洒生物药剂，喷洒重点为树叶背面，常用生物药剂有苦参碱、印楝素、苦参·印楝素、球孢白僵菌、苏云金杆菌等。喷洒1周后，结合实际情况定点投放蠋蝽等天敌昆虫。

（4）化学防控。5月底至6月中旬，木毒蛾5 ～ 6龄，为高龄幼虫期，也是暴食期，集中危害草果叶片，这个时期危害性最大。在毒蛾类害虫暴发年份，如果喷洒生物药剂防控效果不佳，可根据情况，在农业科技主管部门的指导下，局部点对点喷洒高效、低毒的化学药剂，如阿维菌素、甲维盐、5%高效氯氟氰菊酯水乳剂、高氯甲维盐等，用量为标注用量的1.5 ～ 2倍，喷雾，防控重点为核桃树叶和树干、草果叶背面。由于怒江州的高山峡谷地理条件独特，小气候多，木毒蛾不易连片发生，当地农业农村部门每年3—6月注意做好虫情监测，有针对性地监控沿江流域区间带，可事半功倍。6—7月是木毒蛾化蛹、成虫期（图5-2、图5-3）。蛹期，可人工采集蛹块（房前屋后、石头下、树根、公路护栏下等荫蔽处）集中烧毁。羽化后的成虫，可以采用太阳能频振光杀虫灯、高空虫情测报灯诱捕，也可采用性信息素诱杀，逐年捕杀，减少虫口数量。

图5-2　木毒蛾的完整生育周期

图5-3　木毒蛾不同发育时期的形态及危害

A.草果叶片危害状　B.高龄幼虫　C.卵粒　D.蛹　E.羽化后的成虫交配　F.产卵的成虫　G.刚孵化的幼虫

（二）舞毒蛾

舞毒蛾，鳞翅目毒蛾科毒蛾属，别名松针黄毒蛾、秋千毛虫、柿毛虫。

1.形态特征

卵：卵块密被棕黄色绒毛，椭圆至长圆形，灰褐色至黄褐色，多产于树叶上；卵粒扁圆形，直径0.8 ~ 1.2mm，灰白色至微黄色，每个卵块由350 ~ 1 500粒卵组成[4]。

幼虫：老熟幼虫体长50 ~ 70mm，黄褐色至灰黄色，各节背、侧面均具毛瘤，头黄褐色，正面有“八”字形黑纹；胴部背面灰黑色，背线黄褐色，腹面带暗红色，胸、腹足暗红色。每个体节各有6个毛瘤横列，背面中央的1对色艳，第1 ~ 5节的蓝灰色，第6 ~ 11节的紫红色，上生棕黑色短毛。各节两侧的毛瘤上生黄白色与黑色长毛1束，前胸两侧的毛瘤长、大，上生黑色长毛束。第6、7腹节背中央各有1个红色柱状翻缩。幼虫1龄时体上刚毛甚长，刚毛中部具泡状扩大部分，利于随风扩散迁移；雄性幼虫通常5龄后老熟；雌性幼虫6龄老熟，有时还能多脱一次皮。

蛹：雄性体长17 ~ 25mm，雌性体长22 ~ 36mm；体深棕色至黑褐色；前胸背面有1个棕黑色大毛簇和一些黄色毛小簇；中胸两侧各有1个黑色绒毛状圆斑，腹部各节有多个白色小毛簇。

成虫：两性异形。雌蛾体长22 ~ 30mm，触角丝状，翅展40 ~ 90mm；前翅黄白色，翅面有4 ~ 5条锯齿状褐色横线，中室有1个黑色斑点，中室端部有1个明显的“<”形黑褐色斑纹。腹部末端有1束黑褐色或棕色毛丛。雄蛾体瘦小，触角梳状，翅展30 ~ 50mm，体色较深，多为茶褐色，前翅暗茶褐色或暗灰褐色，翅面斑纹与雌蛾相似。

2.危害特征

以幼虫危害，幼虫啃食草果叶片，高龄幼虫食量猛增，5—7月，幼虫将草果叶片逐渐啃食殆尽，只剩下主叶脉，影响草果生长。

3.发生规律

1年发生1代，以卵内幼虫越冬，翌年4月初孵化出幼虫，初孵幼虫群集在卵块表面，静伏一至数天后，离开卵块或吐丝下垂，随风扩散。

幼虫通常6龄，历期45 ~ 64d。4龄以后食料短缺时下树，幼虫耐饥力很强，4龄幼虫可停食6 ~ 10d，5 ~ 6龄幼虫可停食7 ~ 14d。

6月中下旬，老熟幼虫在枝干分叉处及石头缝隙等荫蔽处吐丝固定，经1 ~ 3d化蛹，蛹期5 ~ 14d。

6月中下旬至7月下旬羽化出成虫，7月上中旬为羽化盛期；雌蛾通常在12：00—18：00羽化，雄蛾通常在18：00—24：00羽化；雄蛾十分活跃，白天常在林间成群飞舞，飞行姿态颇似蝶类，以此得名；雌蛾活动力差，只在夜间飞翔，常静伏在枝干上或进行短距离飞翔；成虫羽化后在14 ～ 33h开始交配，交配多在20：00至翌日2：00进行；雌蛾通常仅交配1次，雄蛾通常交配2 ～ 3次；产卵多在夜间，每只雌蛾产1 ～ 3块卵；成虫寿命2 ～ 9d。

4.生活习性

毒舞蛾为怒江州泸水市洛本卓白族乡、福贡县、贡山县主要的草果害虫，毒蛾害虫于2019年首先在福贡县发生，并蔓延到贡山县的普拉底乡、茨开镇，泸水市的洛本卓白族乡、古登乡等乡（镇）。毒蛾的大发生与林分状况及气候、天敌，特别是寄主植物的营养状况密切相关，并表现出一定的周期性，1 ～ 3年生草果发生较轻，零星发生，3年以上草果发生较轻，8 ～ 10年盛果期的草果发生较重，江西比江东严重，低海拔比高海拔严重，光照充足、向阳的地块比遮阴条件好的地块严重。春末夏初，随着气温的逐渐升高，舞毒蛾开始孵化，4月下旬至5月上旬集中孵化后开始危害核桃、桤木，5月中旬至6月上旬，4 ～ 6龄幼虫（暴食期）开始大量采食草果叶片，造成草果减产；两性均有一定趋光性，雌蛾的上灯量较雄蛾略多，雌蛾引诱现象显著[5]。

舞毒蛾属杂食性森林害虫，寄主较多，怒江州内多见于核桃、板栗、樱桃、杉木、桤木等落叶或常绿树种。

5.防控措施

（1）检验检疫。强化外来苗木的检验检疫工作，抽检发现虫卵的苗木禁止输入或就地烧毁。

（2）物理防控。当年8月至翌年3月是舞毒蛾卵期，卵块集中在常绿树上（杉木、核桃树、桤木）、房前屋后、大石块下越冬，可人工集中采集捕捉、集中烧毁；6—7月是舞毒蛾化蛹、成虫期。蛹期，可人工采集蛹块（房前屋后、石头下、树根、公路护栏下等荫蔽处）集中烧毁羽化后的成虫，可以采用太阳能频振紫外杀虫灯、高空杀虫灯诱捕，也可采用性信息素诱杀，逐年捕杀，减少虫口数量。

（3）生物防控。4月中旬至5月是舞毒蛾集中孵化期和低龄幼虫期。1 ～ 4龄为低龄幼虫期，是防控的最佳时机，此时舞毒蛾幼虫主要集中在板栗树、核桃树等叶片背面，在农业科技主管部门的指导下，种植户可采用高压喷雾器喷洒生物药剂，喷洒重点为树叶背面，常用生物药剂有苦参碱、印楝素、苦参·印楝素、球孢白僵菌、苏云金杆菌等，或人工定点投放蠋蝽等天敌昆虫[6]。

（4）化学防控。5月底至6月中旬，舞毒蛾5 ～ 6龄，为高龄幼虫期，也是暴食期，集中危害草果叶片，这个时期危害性最大（图5-4）。在大暴发年份，生物药剂防控效果不佳时，可在农业科技主管部门指导下，局部喷洒高效、低毒的化学药剂，如阿维菌素、甲维盐、5%高效氯氟氰菊酯水乳剂、高氯甲维盐等，喷雾，防控重点为核桃树叶和树干、草果叶背面。舞毒蛾和木毒蛾在草果上的发生时间、规律基本一致，且舞毒蛾的防控方法与木毒蛾相同，在生产上可以一起防控。

图5-4　舞毒蛾不同发育时期的形态及危害
A.草果叶片危害状　B.幼虫　C.雌蛾产卵　D.雄蛾　E.刚孵化的幼虫　F.蛹（黑色或红褐色）

（三）梨星毛虫

梨星毛虫，鳞翅目蛾亚目斑蛾科，幼虫俗称“饺子虫”，因常将叶片卷曲呈饺子状而得名。

1.形态特征

卵：椭圆形，长0.7 ~ 0.8mm，初为白色，后渐变为黄白色，孵化前为紫褐色。

幼虫：体长9 ~ 12mm，全身灰黑色、淡黄色。刚孵化时呈青绿色，后变成乳白色，老熟时呈红色。幼虫身体有毛疣，白色黑星。

蛹：老熟幼虫在叶背织成坚韧的羊皮纸样黄茧，在其中化蛹，也常在草茎上作茧化蛹。蛹长9 ~ 10mm，淡黄色。

成虫：成虫体型较小，形如蝴蝶，体长约9mm，翅展约23mm，全体黑色，具蓝黑色光泽，翅半透明，疏生黑色鳞毛，翅脉、翅缘黑色。口器发达，口及下唇须伸出，下颚须萎缩，触角简单丝状或棍棒状，雄蛾多为栉齿状，翅多数有金属光泽，少数暗淡，身体狭长，有些后翅上具有燕尾形突出。成蛾飞翔力弱，仅在阳光下飞动。

2.危害特征

幼虫主要危害草果叶片，叶片被啃食后呈透明状，经风雨洗刷后只剩网状叶脉，严重影响植株光合作用。

3.发生规律

在怒江州泸水市各乡（镇）发生，1年1代，3月气温回升，虫卵孵化，幼虫开始危害草果叶片，4—6月初幼虫老熟，在浅土中结茧化蛹，以蛹越夏。11月上旬成虫羽化，交配后产卵，卵产在枝梢上，以卵越冬。

4.生活习性

梨星毛虫幼虫怕光，白天集中在草果叶主叶脉中间，吐丝将叶片两边收紧，缀成饺子状，将自己包裹在其中取食叶肉（图5-5）。夜间排成“一”字形集体出行，沿着主叶脉往外啃食叶肉，5龄后化蛹，15 ~ 20d完成交配、产卵。干旱年份或无遮阴的地块会加速其发育，使虫害加重。

图5-5　梨星毛虫不同发育时期的形态及危害

A.蛹　B ~ C.幼虫　D ~ E.成虫　F.低龄幼虫夜间啃食草果叶背的叶肉　G.幼虫在叶背吐丝，把草果叶片缀成饺子状

5.防控措施

以绿色防控为主，初发现时采用人工剪除虫叶，集中烧毁。发生面积较大、较严重地块，可在傍晚向草果叶背面喷洒生物药剂，如苦参碱、印楝素、白僵菌、绿僵菌、苏云金杆菌等。特别严重的草果地块可全部砍除草果植株的地上部分，集中烧毁。

（四）欧洲玉米螟

欧洲玉米螟，鳞翅目螟蛾科，危害草果、玉米、高粱等200多种植物，在全国各地均有发生，属于世界性害虫。

1.形态特征

卵：扁平椭圆形，长约1mm，宽0.8mm。由数粒至数十粒卵组成卵块，呈鱼鳞状排列，初为乳白色，后渐变为黄白色，孵化前卵的一部分为黑褐色。

幼虫：初孵幼虫头黑色，体半透明乳白色，体长1.5mm。老熟幼虫体长20～30mm，头棕黑色，体背淡灰褐色或淡红褐色，中央有1条纵线。

蛹：长15～18mm，红褐色或黄褐色，纺锤形。腹部背面1～7节有横皱纹，3～7节有褐色小齿，横列，5～6节腹面各有腹足遗迹1对。尾端臀棘黑褐色，尖端有5～8根钩刺，缠连于丝上，黏附于虫道、蛹室内壁。

成虫：雌虫体长16～17mm，宽4～5mm；雄虫体长14～18mm，宽3.5mm。身体栗褐色，密被细毛。雌虫触角11节，略呈锯齿状，长约为前胸的2倍；前胸发达，中央有微细纵沟；鞘翅长为前胸的4倍，其上纵沟不明显，后翅退化。雄虫体细长，触角12节，丝状，长达鞘翅末端；鞘翅长约为前胸的5倍，其上纵沟明显，有后翅。

2.危害特征

主要以3龄后幼虫蛀茎危害，破坏茎秆组织，影响养分运输，使植株受损，严重时茎秆遇风折断，使植物幼苗地上部分叶片变黄、枯萎，危害严重时造成缺苗断垄。

3.发生规律

欧洲玉米螟发生世代随纬度变化而异，在我国西南地区为2～4代。一代幼虫于6月中下旬盛发危害，此时草果正处于新叶期，危害较重。在草果和玉米混种区会发生交叉危害，造成草果植株断头和倒叶。二代幼虫于7月中下旬危害。三代幼虫于8月中下旬进入盛发期，危害草果嫩叶及茎部。幼虫老熟后于9月中下旬进入越冬状态。成虫将卵产在草果叶背中脉附近，每个卵块有20～60余粒卵，每只雌虫可产卵400～500粒，卵期3～5d，幼虫5龄，历期17～24d。初孵幼虫有吐丝下垂习性，并随风或爬行扩散，钻入心叶内啃食叶肉，只留表皮。3龄后蛀入危害，叶心、叶鞘、茎秆均可受害（图5-6）。

图5-6　欧洲玉米螟幼虫形态及危害
A.茎秆危害状　B.幼虫及危害状

4.生活习性

成虫有昼伏夜出的习性和趋光性，可在生产中选用黑光灯诱杀成虫，抑制成虫数量。成虫在植株中部叶片背面产卵。幼虫孵化后先群集在卵壳上啃食卵壳，约1h后开始分散活动。幼虫被触动或借风吐丝下垂，转移到邻近的植株上继续危害。老熟幼虫一般在被害部位化蛹，蛹期6 ~ 10d。温度在25 ~ 26℃，相对湿度90%左右，对欧洲玉米螟产卵、孵化及幼虫成活极为有利。

5.防控措施

(1) 农业防控。草果地附近的玉米地收获后，玉米秆粉碎发酵或集中焚烧，玉米根茬深翻30cm入土，破坏欧洲玉米螟越冬场所。发现叶片枯黄、有明显虫孔的草果，割除有虫孔的假茎、根茎，拿出烧毁。

(2) 设备防控。可用频振光杀虫灯、高空昆虫控诱设备诱杀成虫。

(3) 天敌防控。释放赤眼蜂，在欧洲玉米螟产卵初期至产卵盛末期，释放赤眼蜂2 ~ 3次，每亩释放1万~ 2万头/次。

(4) 生物药菌。用分生孢子含量为50亿~ 100亿个/g的白僵菌拌土（土的用量为白僵菌的10 ~ 20倍），撒入草果心叶丛中，白僵菌用量为每株2g。也可在砍除老枝叶时，将白僵菌粉按100 ~ 150g/m^{3}喷撒在老枝叶上。还可将苏云金杆菌粉剂撒入草果心叶丛中，每株2g，或按使用说明将苏云金杆菌粉剂稀释成水液，喷洒草果心叶。

(5) 性诱剂。使用性诱剂诱杀，可以显著降低欧洲玉米螟成虫的交配成功率。

（五）美洲斑潜蝇

美洲斑潜蝇，双翅目潜蝇科，其危害状俗称“鬼画符”，全国各地均有发生。危害110多种植物，是一种严重危害粮食、蔬菜的害虫。

1.形态特征

卵：乳白色，稍透明，常产于叶表皮下面，在田间不易发现。

幼虫：分3个龄期，1龄幼虫体较透明；2～3龄幼虫为鲜黄色或浅橙黄色蛆状；老熟幼虫长3mm，腹末端有1对圆形后气门。

蛹：椭圆形，腹部稍扁平，浅橙黄色，有时呈暗黄色至金黄色。

成虫：黄色或浅橙黄色，个体小，体长1.3～2.3mm，翅长1.3～2.3mm，体淡灰黑色，足淡黄褐色，胸背板亮黑色，复眼酱红色，头黄色，雌虫比雄虫稍大。

2.危害特征

成虫、幼虫均可危害。雌成虫刺伤植物叶片，进行取食和产卵，幼虫潜入叶片和叶柄危害，产生不规则蛇形白色虫道，叶绿素被破坏，影响光合作用，受害植株叶片脱落。

3.发生规律

世代重叠，繁殖力强，一般每年发生21～24代，周年危害，上午是成虫羽化的高峰期，取食、交配、产卵均在白天进行，幼虫孵化24h后取食叶肉，危害盛期为2—6月。无越冬现象，成虫以产卵器刺伤叶片，吸食汁液，雌虫把卵产在部分伤孔表皮下，卵经2～5d孵化，幼虫期4～7d，末龄幼虫咬破叶表皮，在叶外或土表下化蛹，蛹经7～14d羽化为成虫，每世代夏季2～4周，冬季6～8周。

4.生活习性

成虫、幼虫均可危害叶片，以幼虫潜叶对草果造成的损失最大。雌虫刺食叶肉并将卵产于叶片表皮下，幼虫孵化后潜入叶片、叶柄危害，在叶肉组织内取食，蛀成弯弯曲曲的蛇形虫道，虫道初为白色，后变成褐色，随着幼虫的成长，虫道加宽，后随虫道的破裂而落地化蛹。羽化后再次危害叶片。由于幼虫危害叶片中的叶绿素和叶肉组织，使叶片细胞遭到破坏，影响光合作用（图5-7）。

图5-7　美洲斑潜蝇不同发育时期的形态及危害

A.草果叶片危害状　B.幼虫正在取食草果叶肉

5.防控措施

（1）物理防控。美洲斑潜蝇喜欢黄色，采用黄板诱杀效果非常好。黄板的悬挂位置必须正确，高度应与叶片高度基本一致。在害虫发生高峰期，摘除带虫叶片并烧毁。

（2）天敌防控。利用寄生蜂防控，在不用药的情况下，寄生蜂的寄生率可达50%以上。常用寄生率较高的天敌有姬小蜂、潜蝇茧蜂等。

（六）白翅叶蝉

白翅叶蝉，半翅目叶蝉科。危害草果、水稻、大麦、小麦、甘蔗、玉米等作物。在全国大部分省份发生。

1.形态特征

卵：长0.65mm，近瓶形，略弯曲，一端尖，另一端钝圆，乳白色。

幼虫：共5龄。末龄若虫体长2.4 ~ 3.2mm，浅黄绿色，体上刚毛明显。

成虫：雌虫体长3.5 ~ 3.7mm，雄虫稍小。头部、胸部、腹部橙黄色。头部前缘两侧各具1个半月形白斑。前胸背板中央具1个浅灰黄色菱形斑，斑的两侧各具小白点1个。前翅灰白色，半透明，具虹彩闪光；后翅浅橙色，透明度较前翅高。

2.危害特征

成虫、若虫刺吸叶片汁液，受害叶片初现零星小白点，后连成点状条斑，或白色条斑最终变为褐色，影响生长发育（图5-8）。

图5-8　白翅叶蝉成虫

3.发生规律

每年发生3～6代，以成虫在草果老枯茎秆上越冬。翌春，越冬成虫开始危害。卵历期15～16d，一、二代若虫历期17～21d，三代历期33～40d。成虫寿命20～30d，越冬代为194d。越冬代每只雌虫产卵45～60粒，一代55～60粒，二代30粒。在气温低于20℃、相对湿度为85%～90%的条件下，若虫死亡多，寿命短，产卵量下降。

4.生活习性

白翅叶蝉成虫寿命比较长，卵期也长，田间世代重叠。越冬期间天气暖和时成虫还可大量交配。成虫多潜伏在土缝里或植株基部，行动活泼，善飞，受惊扰时横行躲避或飞至别处，趋光性强，趋向嫩绿色，有较强的群集性。成虫羽化后需补充营养才能交配产卵，多在白天把卵产在叶主脉的空腔内，越冬代成虫寿命约7个月。若虫共5龄，大都栖息于叶背取食，活动和迁移能力都不强，无跳跃能力，受触动只能横走爬行。

5.防控措施

（1）物理防控。白翅叶蝉趋光性强，在成虫发生期可利用频振光杀虫灯诱杀。为减轻白翅叶蝉翌年危害程度，应清洁田园，及时清理田间草果残枝和老枝。

（2）天敌防控。白翅叶蝉的主要天敌有蜂类、异色瓢虫、各类蜘蛛等，在防控工作中应保护和利用天敌。

（七）稻直鬃蓟马

稻直鬃蓟马，缨翅目蓟马科。幼虫呈白色、黄色或橘色，成虫呈黄色、棕色或黑色，取食植物汁液。

1.形态特征

成虫体微小，体长0.5～2.0mm，很少超过7mm；体黑色、褐色或黄色；头略呈后口式，口器锉吸式，能锉破植物表皮，吸吮汁液；触角6～9节，线状，略呈念珠状，一些节上有感觉器；翅狭长，边缘有长而整齐的缘毛，脉纹最多有2条纵脉；足的末端有泡状的中垫，爪退化；雌性腹部末端圆锥形，腹面有锯齿状产卵器，或呈圆柱形，无产卵器，卵长约0.3mm，肾形，乳白色至乳黄色。初孵若虫小如针尖，2龄、3龄虫体颜色由灰色变成黄色。

2.危害特征

稻直鬃蓟马以成虫和若虫锉吸草果幼嫩组织汁液，嫩叶受害后变薄，叶片中脉两侧出现灰白色或灰褐色条斑，表皮呈灰褐色，出现变形、卷曲，生长势弱（图5-9）。

3.发生规律

每年4月开始活动，5—9月达到危害高峰，以6月和7月最为严重。初羽化的成虫能飞善跳，性情活跃，尤喜攀高，后来逐渐畏强光，善隐藏，白天阳光充足时，成虫躲藏在叶腋、叶背或幼叶卷中吸食汁液。雌成虫经常性孤雌生殖，偶有两性生殖，卵长约0.3mm，肾形，乳白色至乳黄色，散产于叶肉组织中。初孵若虫小如针尖，至2龄、3龄，体色由灰色变成黄色。若虫白天在叶背集中危害，早晚及阴天才在叶表活动，通常以成虫和1龄、2龄若虫危害，3龄、4龄若虫停止进食，隐藏于表土或叶鞘。成虫在禾本科杂草和枯枝烂叶中越冬，部分成虫潜伏在土缝中越冬。

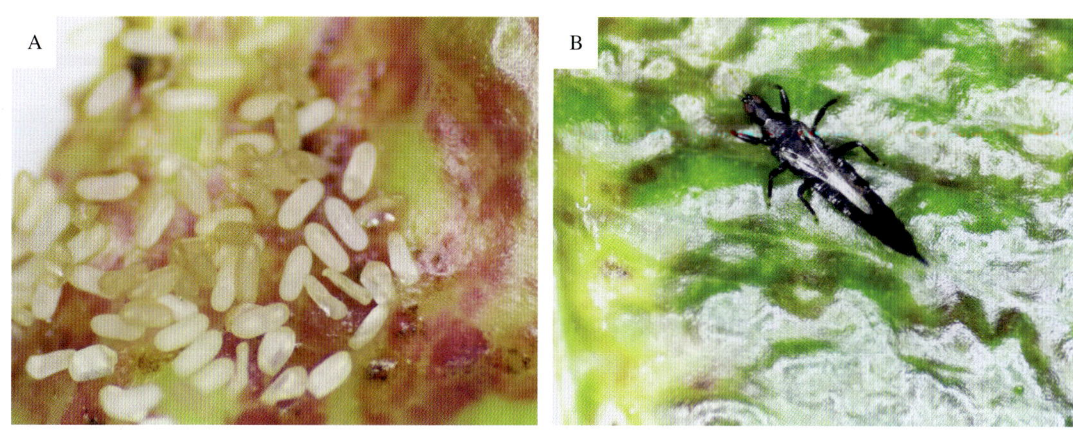

图5-9　稻直鬃蓟马不同发育时期的形态及危害
A.卵　B.成虫及危害状

4.生活习性

每年发生10～20代，第2代后开始出现世代重叠。成虫营孤雌生殖或两性生殖，5—6月卵期为8d左右，若虫期8～10d，成虫活泼，羽化后1～2d即产卵，2～8d进入产卵盛期，每只雌虫产50多粒，卵多产在嫩叶组织里，产卵适温为18～25℃，气温高于27℃则虫口减少。若虫盛发高峰期主要是3龄、4龄若虫，有时若虫盛发期后3d就进入成虫盛发期。

5.防控措施

（1）农业防控。早春清除田间杂草和枯枝残叶，集中烧毁或深埋，消灭越冬成虫和若虫；选用草果良种等。

（2）物理防控。利用稻直鬃蓟马趋蓝色的习性，在田间设置蓝色粘板，诱杀成虫，粘板高度与作物持平。

（3）性诱剂防控。在田间诱捕器中加入性诱剂(2E,6E)-farnesyl acetate，能显著增加诱捕数量。

（4）天敌防控。注意保护好大草蛉、淡翅小花蝽、六斑月瓢虫、巴氏钝绥螨等天敌昆虫。

（5）生物药菌防控。主要使用白僵菌。

（八）皱腹潜甲

皱腹潜甲，鞘翅目铁甲科潜甲亚科潜甲族潜甲属，仅在我国云南等少数地区发生。

1.形态特征

体背面褐黄色至褐红色，微具光泽；腹面、触角及足黑褐色至黑色，第2～4腹节的后缘及腹部末节褐黄色；腹面除末节外均有光泽。头顶在复眼间隆起不明显，具刻点，中央有1条细纵沟；额唇基中央无纵隆起；上唇凸出，前壁平削并带光泽。触角几达体长之半，基部1～6节背面及1～4或1～5节腹面有光泽及细刻点，余节幽暗；前胸背板接近方形，宽略胜于长，前、后缘接近平直，有时后缘中部微弓，侧缘在前端及中部明显突出，突出处呈波状并有稀疏短毛；中区拱凸，中央有1条明显的浅纵沟，基部明显低洼，两侧的前方和后方各有1个明亮的小隆块，侧区各有1个自前伸向后部的纵凹洼。鞘翅两侧接近平行；刻点浅，排列不规则，近翅端的刻点极其细密。雌虫在腹部末节后面有1块由棕黄色毛围成的半圆形区，在这中央有1条浅纵凹，凹表面无刻点，有光泽。雄虫在腹部末节有较长的毛，但不围成半圆形，中央无纵凹。体长13.0～17.4mm，宽6～7mm[7]。

2.危害特征

主要以幼虫蛀食草果根部，使根茎形成孔洞，被害后，根茎变黑褐色至黑色，切开根部可见蛀虫道（图5-10）。

图5-10　皱腹潜甲不同发育时期的形态及危害

A.受幼虫危害的草果根纵切面　B.受幼虫危害的草果根茎外观　C.成虫　D.高龄幼虫　E.低龄幼虫

3.发生规律

皱腹潜甲一般3年发生1代，以成虫和不同龄期的幼虫在沙土中越冬；成虫于4—9月交配产卵，卵期为10～14d；幼虫一般为7龄，幼虫期长达1.8～2.0年，幼虫经过2次越冬，于第3年6月中旬至8月下旬化蛹，蛹期为10～12d；羽化成虫经210～280d后性成熟，开始交配产卵。

4.生活习性

在自然状况下，低龄幼虫啃食植物细根，取食土壤内的腐殖质，动物粪便等有机质，大龄幼虫夜晚常钻出地表取食草果叶、芽，对草果造成危害。幼虫进入预蛹期后会掘穴营造蛹室，仰卧其中静止不动等待化蛹。成虫白天和晚上多潜于石块、沙土和草丛中，喜欢在清晨和傍晚出来活动，在能见度较低的阴雨天也出来活动，为典型的黄昏性昆虫。

5.防控措施

做好种苗的检验检疫工作。以水加生石灰浸泡或焚烧的方式销毁感染虫苗；在发现虫害的区域设立监测点，通过定期取样跟踪调查皱腹潜甲发生情况，及时上报农业科技部门。目前发现其分布于贡山县普拉底乡的其达、力透底、咪谷、补久娃，茨开镇的双拉娃、满孜等村。

四、虫害综合防控技术

（一）宏观防控策略

（1）加强种苗检疫，保障种苗种植健康。植物检疫是防止外来有害生物入侵最有效的手段，各县（市）农业农村部门要加强对草果苗圃的产地检疫工作，同时，要求从外地调入的草果种苗必须出具调运检疫证书，必要时由当地植物检疫机构进行复检，确保种苗不带检疫性病虫害。

（2）加强田间管理，及时清理病株残体。发动群众清理并集中处理由干旱和病虫害造成干枯而无价值的草果秆，切断病虫害传染源，并适当增施有机肥，促进新苗的发育，为翌年生产打好基础。

（3）加强病虫害监测预报，为及时防控提供科学依据。各县（市）农业农村部门加强植保队伍建设，积极引进和培养植保专业人才。技术人员多深入田间地头开展病虫害田间调查，及时掌握病虫发生情况，通过微信公众号等媒体平台发布病虫简报，为各级领导和农技部门开展大面积防控提供科学依据。

（4）加大资金投入，确保防控效果。各县（市）党委、政府要高度重视草果病虫害的防控工作，不断加大地方财政资金的支持力度，积极向上级业务部门争取防控资金，同时利用好涉农整合资金，重视草果病虫害应急防控经费的储备，确保病虫害防控急需经费时能够及时就位。

（5）推广应用病虫害绿色防控技术，加强宣传和培训工作，不断提高广大农民群众的病虫害防控意识和水平。减少大面积防控中化学农药的使用，从而保证草果质量，确保生态平衡，为种植草果带来有益的外部条件（图5-11）。

图5-11　培训草果种植户掌握病虫害绿色防控技术

（二）具体防控措施

（1）加强植物检疫，严格把好种苗关。为防止疫情扩散蔓延，全州各级植保农技部门严格按照《植物检疫条例》农业部分相关规定，认真开展草果苗的产地检疫和调运检疫工作。

（2）8月至翌年3月是毒蛾类的卵期。卵块集中在常绿树（杉木、核桃树、桤木等）2m以下的树枝上、公路围栏背阴面和房前屋后越冬。可人工集中采集、集中烧毁。

（3）4月中旬至5月是毒蛾类的集中孵化期和低龄期。1～4龄为低龄幼虫期，是防控的最佳时机，此时幼虫主要集中在板栗树、核桃树等叶片背面。在农业农村部门的指导下，种植户可采用高压喷雾器喷洒生物药剂，喷洒重点为树叶背面，常用生物药剂有苦参碱、印楝素、球孢白僵菌、苏云金杆菌、苦参·印楝素等。可结合实际情况，定点投放。

（4）5月底至6月中旬是毒蛾类的高龄幼虫期（5～6龄），也是暴食期，集中危害草果叶片，这个时期危害性最大。可在相关部门指导下，对集中暴发区定点喷洒生物药剂苦参·印楝素，利用地形进行高压喷雾，防控重点为遮阴树。

(5) 6—7月是毒蛾类的化蛹和成虫期。蛹期，可人工采集蛹块（房前屋后、石头下、树根、公路护栏下等荫蔽处）集中烧毁。羽化后的成虫，可以采用太阳能频振光杀虫灯、高空虫情测报灯诱捕，也可采用性信息素诱杀等。

(6) 8月至翌年3月，根据卵块分布预测下一年虫情，全年分阶段防控，结合局部虫口压制，保护好生态，可有效控制虫害。

(7) 全年可以饲养胡蜂，胡蜂主要以毒蛾类的低龄幼虫为捕食对象，可以和中华蜜蜂共同养殖，不相互影响，同时，胡蜂可以生产蜂产品，具有不菲的经济价值，符合产业生态化和“草果+”的发展理念。

(8) 加大技术培训力度。各县（市）农业农村局积极与州外科研机构合作，以联合开展培训、现场提供技术指导等形式加强对草果种植户的技术培训，不断提高病虫防控水平。

常用杀虫药剂见表5-2，常用防控设备见表5-3，怒江州草果主要毒蛾类害虫的周年发生规律见图5-12，周年防控措施见图5-13。

表5-2　常用杀虫药剂

序号	名称	规格	生产公司	用法	备注
1	苦参碱	1%，1 000mL/瓶	江苏功成生物科技有限公司	40 ~ 50mL/25L	见效快，生物药剂
2	印楝素	0.5%，1 000mL/瓶	云南绿戎生物产业开发股份有限公司	50mL/25L	见效快，生物药剂
3	苏云金杆菌（Bt）	8 000IU/μL	山东泰诺药业有限公司	50 ~ 60mL/25L	2d起效，生物药剂
4	球孢白僵菌	200亿个孢子/g，500g/瓶	山西绿海农药科技有限公司	50 ~ 60mL/25L	3d起效，生物药剂
5	苦参·印楝素	1%，1 000mL/瓶	云南绿戎生物产业开发股份有限公司	40 ~ 50mL/25L	见效快，生物药剂
6	阿维菌素	5%，1 000mL/瓶	河北欣田生物科技有限公司	10 ~ 15mL/25L	见效快，化学药剂
7	甲维盐	5%，1 000mL/瓶	菏泽龙歌植保技术有限公司	5 ~ 10mL/25L	见效快，化学药剂
8	高效氯氟氰菊酯	5%，1 000mL/瓶	云南绿戎生物产业开发股份有限公司	10 ~ 15mL/25L	见效快，化学药剂

表5-3　常用防控设备

序号	名称	规格	生产公司	备注
1	汽油动力喷雾器	FST-800A	上海苏隆实业有限公司	25L
2	频振式杀虫灯	PS-15 Ⅵ-2	鹤壁佳多科工贸股份有限公司	20亩/台
3	高空虫情测报灯	JDGK-2，双光源	鹤壁佳多科工贸股份有限公司	500亩/台

A B C D E F G H I

图5-12　怒江州草果主要毒蛾类害虫的周年发生规律（以福贡县亚坪村为例）
A.上年7—8月，灌木/杉松　B.3月底，树枝/叶背　C.4月10日，1龄幼虫，树上
D.5月10日，2龄幼虫，板栗/核桃树叶背面　E.5月18日，3龄幼虫，板栗/核桃树叶背面
F.5月26日，4龄幼虫，啃食树叶背面　G.6月6日，5～6龄幼虫，下树，暴食草果叶
H.6月15日，蛹期，于荫蔽处吐丝化蛹　I.6月底，羽化成蛾，交配产卵

图5-13 怒江州草果虫害的周年防控措施

A.收集卵块并集中烧毁（8月至翌年3月） B.喷洒生物药剂（4—5月） C.杀虫灯、性诱剂诱捕和清理蛹块（6—7月） D.保护好生态环境和投放天敌（禁止砍伐狩猎，鼓励养蜂，4—5月定点投放天敌）

（三）天敌昆虫种类及繁育

1.寄生性天敌繁育——以毒蛾绒茧蜂为例[8]

（1）寄主饲养。3月下旬在野外采集舞毒蛾卵块，采回后装入纸盒，置于4℃冰箱中冷藏待用。根据饲养毒蛾绒茧蜂所需寄主数量，从冰箱中取出一定数量的卵块，用镊子清除卵块表面绒毛，置于细目塑料小网纱袋中，封口后，用3.7%福尔马林浸泡，消毒1h，再用流水冲洗1h，然后用镊子将消毒后的卵粒拨入玻璃瓶内的滤纸上。卵粒使用前，放入2%～3%的次氯酸钠溶液中消毒10min，取出用水洗净，再用消毒纱布擦干。经过消毒的卵粒，置于24℃、相对湿度90%、16h光照8h黑暗的恒温箱中，待卵孵化后备用。人工饲料的组分为麦胚120g、酪蛋白25g、混合盐8g、山梨酸2g、琼脂15g、甲基对苯甲酸1g、复合维生素10g及900mL水。配制时，先将琼脂和水倒进不粘锅内，用电炉加热，充分搅拌，至琼脂溶化时，加入其他组分，充分搅拌，煮沸20s后，趁热分别装入饲料杯中备用。每个饲料杯装入饲料约25mL，充分凝固冷却后加盖，装入干净塑料袋内，置于冰箱中储藏待用[8]。

将饲养孵化2d的舞毒蛾幼虫接入装有人工饲料的饲料杯中，置于恒温箱中饲养。每个饲料杯的接虫数量为1龄100条、2龄75条、3龄50条、4龄15条、5龄10条、6龄8条。饲料变硬、变黑，应及时更换。

（2）蜂种采集。从野外采集毒蛾绒茧蜂幼虫，放在室内人工饲养。待毒蛾绒茧蜂老熟幼虫自寄主幼虫体内钻出、结成白色绒茧后，将寄主幼虫和毒蛾绒茧蜂茧一起移入指形管中，用医用纱布封口，分别置于恒温箱中或室温下待其羽化。

（3）成蜂饲养。用玻璃瓶饲养，饲养时在瓶底部放1块浸水的海绵，瓶壁上涂少量纯蜂蜜作为饲料。毒蛾绒茧蜂雌、雄较易辨别，雌蜂腹末平截，肛下板明显且向后延伸，产卵器明显可辨；雄虫腹部末端圆滑，不平截，肛下板隐蔽，无针状物（图5-14）。

图5-14　毒蛾幼虫的寄生性天敌——毒蛾绒茧蜂

（4）接蜂繁殖。取消毒后的玻璃瓶及培养皿各1个，将培养皿放入瓶底。取1块1cm^{3}人工饲料置培养皿中，用驼毛刷将5条2龄舞毒蛾幼虫移至饲料块上，然后接入新近羽化且经过交配的毒蛾绒茧蜂成虫2头。接蜂时间以1d为限，每天定时取出寄主幼虫并放入待接种的幼虫，逐日添加水和蜂蜜。接蜂后将寄主幼虫放在24℃恒温箱中或在室温下用人工饲料饲养。待毒蛾绒茧蜂外出结茧后，逐日收集蜂茧。

2. 毒蛾类害虫的天敌种类

毒蛾类害虫的天敌种类见表5-4。

表5-4　毒蛾类害虫的天敌种类[9-14]

天敌	目	科	种类
寄生性	膜翅目	姬蜂科	毁螟姬蜂 *Campoletis* sp.
			黑足凹眼姬蜂 *Casinaria nigripes* (Gravenhorst)
			窄腹凹眼姬蜂 *Casinaria tenuiventris* (Gravenhorst)
			舞毒蛾黑瘤姬蜂 *Coccygomimus disparis* (Viereck)
			野蚕黑瘤姬蜂 *Coccygomimus luctuosus* (Smith)
			黑基长尾姬蜂 *Ephialtes capulifera* (Kriechbaumer)
			桑蟥聚瘤姬蜂 *Gregopimpla kuwanae* (Viereck)
			毒蛾镶颚姬蜂 *Hyposoter vierecki* Townes, M. T.
			喜马拉雅聚瘤姬蜂 *Iseropus* (*Gregopimpla*) *himalayensis* (Cameron)
			松毛虫埃姬蜂 *Itoplectis alternans spectabilis* (Matsumura)
			舞毒蛾惊蠋姬蜂 *Phobocampe lymantriae* Gupta
			脊腿囊爪姬蜂 *Theronia atalantae gestator* (Thunberg)
		茧蜂科	毒蛾绒茧蜂 *Glyptapanteles liparidis* (Bouche)
			毒蛾脊茧蜂 *Aleiodes lymantriae* Watanabe
			黑腿绒茧蜂 *Cotesia melanoscelus* (Ratzeburg)
			夏氏绒茧蜂 *Cotesia schaeferi* Marsh
			彩色绒茧蜂 *Dolichogenidea lacteicolor* (Viereck)
			斑痣悬茧蜂 *Meteorus pulchricornis* (Wesmael)
			虹彩悬茧蜂 *Meteorus versicolor* (Wesmael)
		小蜂科	广大腿小蜂 *Brachymeria lasus* (Walker)
			次生大腿小蜂 *Brachymeria secundaria* (Ruschka)
		姬小蜂科	杯姬小蜂 *Platyplectrus* sp.
			毒蛾狭面姬小蜂 *Elachertus charondas* (Walker)
			黑棒啮小蜂 *Tetrastichus* sp.
		长尾小蜂科	齿腿长尾小蜂 *Monodontomerus minor* (Ratzeburg)
		金小蜂科	黑青金小蜂 *Dibrachys cavus* Walker
		跳小蜂科	大蛾卵跳小蜂 *Ooencyrtus kuvanae* (Howard)
			苹果毒蛾跳小蜂 *Tyndarichus navae* Howard
		旋小蜂科	日本平腹小蜂 *Anastatus japonicus* Ashmead
		广肩小蜂科	粘虫广肩小蜂 *Eurytoma verticillata* (Fabricius)

（续）

天敌	目	科	种类
寄生性	双翅目	寄蝇科	天幕毛虫抱寄蝇 *Baumhaueria goniaeformis* Meigen
			选择盆地寄蝇 *Bessa selecta fugax* Rondani
			梳胫饰腹寄蝇 *Blepharipa schineri* (Walker)
			柞蚕饰腹寄蝇 *Blepharipa tibialis* (Chao)
			灰体狭颊寄蝇 *Carcelia bombycivora* Robineau-Desvoidy
			隔离狭颊寄蝇 *Carcelia excisa* (Fallen)
			格纳狭颊寄蝇 *Carcelia gnava* (Meigen)
			善飞狭颊寄蝇 *Carcelia kockiana* Townsend
			长肛狭颊寄蝇 *Carcelia lena* Richter
			黑角狭颊寄蝇 *Carcelia nigrantennata* Chao et Liang
			杨毒蛾狭颊寄蝇 *Carcelia trabsbaicalica* Richter
			毛瓣鬃提寄蝇 *Chetogena hirsute* Mesnil
			康刺腹寄蝇 *Compsilura concinnata* (Meigen)
			平庸赘寄蝇 *Palexorista inconspicua* (Meigen)
			拟平庸赘寄蝇 *Drino inconspicua* (Baranov)
			红尾追寄蝇 *Exorista xanthaspis* (Wiedemann)
			条纹追寄蝇 *Exorista fasciata* (Fallen)
			日本追寄蝇 *Exorista japonica* Townsend
			毛虫追寄蝇 *Exorista rossica* Mesnil
			古毒蛾追寄蝇 *Exorista larvarum* Linnaeus
			家蚕追寄蝇 *Exorista sorbillans* Wiedemann
			大型美根寄蝇 *Meigenia majuscula* Rondani
			蓝黑栉寄蝇 *Pales pavida* (Meigen)
			毒蛾蜉寄蝇 *Parasetigena silvestris* (Robineau-Desvoidy)
			灰色斑腹寄蝇 *Maculosalia grisa* Chao et Liu
			银毒蛾寄蝇 *Parasetigena silvestris* (Robineau-Desvoidy)
			勺肛蜉寄蝇 *Phorocera assimilis* (Fallen)
		麻蝇科	松毛虫缅麻蝇 *Burnmanomyia beesoni* (Senior-White)
			舞毒蛾克麻蝇 *Kramerea schuetzei* (Karmer)
			华北亚麻蝇 *Parasarcophaga angarosinica* Rohdendorf

（续）

天敌	目	科	种类
捕食性	直翅目	螽蜥科	布氏寰螽 *Atlanticus brunneri* (Pylnov)
			乌苏里蝈螽 *Gampsocleis ussuriensis* Adelung
			短翅姬螽 *Metrioptera brachyptera* (Linnaeus)
	网翅目	螳螂科	狭翅大刀螂 *Tenodera angustipennis* Saussure
			广腹螳螂 *Hierodula patellifera* Serville
	鞘翅目	步甲科	赤胸步甲 *Calathus halensis* Schaller
			青雅星步甲 *Calosoma inquisitor cyanescens* Motschulsky
			中华金星步甲 *Calosoma maderae chinense* Kirby
			艳大步甲 *Carabus lafossei coelestis* Steuart
			双斑青步甲 *Chlaenius bioculatus* Motschulsky
			巨短胸步甲 *Curtonotus gigantus* (Motschulsky)
			大头婪步甲 *Harpalus capito* A. Morawitz
		葬甲科	六脊树葬甲 *Dendroxena sexcarinata* Motschulsky
	异翅目	蝽科	蠋蝽 *Arma chinensis* Fallou
			欧亚蠋蝽 *Arma custos* (Fabricius) subsp.
			绿喙蝽 *Dinorhynchus dybowskyi* Jakovlev
			黄褐喙蝽 *Dinorhynchus opulentus* (Distant)
			双刺益蝽 *Picromerus bidens* (Linnaeus)
			益蝽 *Picromerus lewisi* Scott
			红足并蝽 *Pinthaeus sanguinipes* (Fabricius)
		猎蝽科	暴猎蝽 *Agriosphodrus dohrni* (Signoret)
			黑哎猎蝽 *Ectomocoris atrox* Stal
			暗素猎蝽 *Epidaus nebulo* (Stal)
			云斑真猎蝽 *Harpactor incertus* (Distant)
			斑缘真猎蝽 *Harpactor ornatus* Uhler
			红喙真猎蝽 *Harpactor rubromarginatus* Jakovlev
			西伯利亚真猎蝽 *Harpactor sibiricus* Jakovlev
			褐菱猎蝽 *Isyndus obscurus* Dallas
			环斑猛猎蝽 *Sphedanolestes impressicollis* (Stal)
			四川犀猎蝽 *Sycanus szechuanus* Hsiao
			黑脂猎蝽 *Velinus nodipes* Uhler
		姬蝽科	泛希姬蝽 *Himacerus apterus* Fabricius
	膜翅目	蚁科	日本弓背蚁 *Camponotus japonicus* Mayr
			黑毛蚁 *Lasius niger* (Linnaeus)
		胡蜂总科	胡蜂 Vespidae

3.怒江州高黎贡山沿线发现的毒蛾类害虫的天敌

云南西部的高黎贡山是横断山脉中的西侧山地，北接青藏高原，南连中南半岛，东邻云贵高原，西毗印缅山地，绵延600km，山高谷深，气候多样。高黎贡山还连接着世界上34个生物多样性热点地区中的3个，即东喜马拉雅地区、横断山地区和印缅地区[15]。被科学家誉为“重要模式标本产地”“世界物种基因库”“世界自然博物馆”“珍稀动物的避难所”“东亚植物区系的摇篮”等[16]。随着近年来调查的深入、系统展开，科研人员在高黎贡山不断发现动植物新品种，包括种类繁多的毒蛾类害虫的寄生性和捕食性天敌昆虫，成为绿色防控的重要力量（图5-15至图5-24）。

图5-15　毒蛾的寄生性天敌——菌蚊

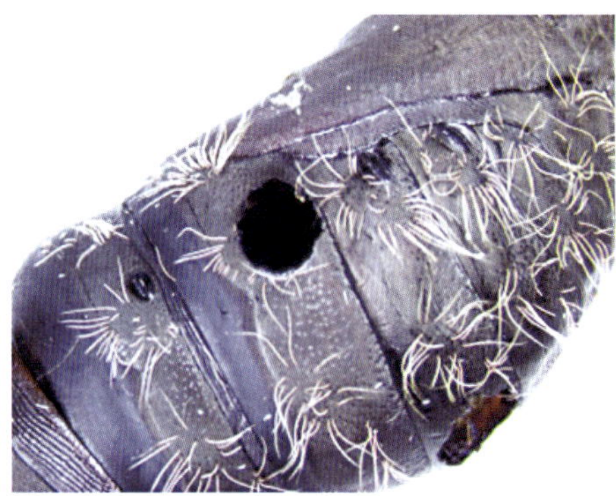

图5-16　毒蛾蛹的寄生性天敌——广大腿小蜂

图5-17 未知的毒蛾蛹寄生性天敌

图5-18 毒蛾幼虫的寄生性天敌——蜾蠃

图5-19 毒蛾的寄生性天敌——黑棒啮小蜂

图5-20 毒蛾的寄生性天敌——姬蜂

图5-21 毒蛾的寄生性天敌——姬蜂

图5-22　在草果地里大量分布的姬蜂

图5-23　毒蛾蛹的寄生性天敌——寄蝇

图5-24　瓜芦蜂生态养殖

参考文献

[1] 党菱婧，郭云胶，董保国，等. 胡蜂科蜂类经济养殖和绿色防控双赢验证[J]. 中国畜禽种业，2022，18(3): 60-62.

[2] 林炳俊. 木毒蛾的发生与防治[J]. 黑龙江生态工程职业学院学报，2007(6): 37-38.

[3] 左城，林健聪，张继锋，等. 木毒蛾羽化和生殖行为节律观察[J]. 延边大学农学学报，2020，42(4): 37-43.

[4] 王金风. 山西舞毒蛾危害风险分析及防控措施[J]. 山西林业科技，2021，50(1): 12-13，24.

[5] 赵孟丹，张涛，刘艺，等. 舞毒蛾的危害及防治措施[J]. 现代农村科技，2021(12): 39-40.

[6] 钟锋，韩宙，黄其亮. 我国舞毒蛾防治技术的研究进展[J]. 世界农药，2015，37(3): 33-36，53.

[7] 彭建明，王艳芳，张丽霞，等. 西双版纳新发现一种阳春砂仁害虫[J]. 中药材，2015，38(11): 2255-2256.

[8] 刘后平，严静君. 毒蛾绒茧蜂饲养繁殖技术[J]. 昆虫知识，1991(3): 162-163.

[9] 冯继华，闫国增，姚德富，等. 北京地区舞毒蛾天敌昆虫及其自然控制研究[J]. 林业科学，1999(2): 53-59.

[10] 叶碧欢，沈建军，李海波，等. 舞毒蛾在浙江新发生区为害特点及天敌种类调查[J]. 浙江林业科技，2022，42(4): 44-50.

[11] 周艳涛，王杰，张晶，等. 舞毒蛾寄生天敌昆虫及其自然控制研究[J]. 林业科技，2012，37(2): 21-23.

[12] 李镇宇，姚德富，陈永梅，等. 北京地区舞毒蛾寄生性天敌昆虫及其转主寄主的研究[J]. 北京林业大学学报，2001(5): 39-42.

[13] 严静君，姚德富，刘后平，等. 中国舞毒蛾天敌昆虫名录[J]. 林业科技通讯，1994(5): 25-27.

[14] 严静君，姚德宫，刘后平，等. 山东昆嵛山舞毒蛾天敌的研究[J]. 山东林业科技，1992(1): 5-8.

[15] 宋成文，侯玲，杨靖，等. 高黎贡山生物多样性现状问题与保护对策[J]. 绿色科技，2022，24(10): 41-44.

[16] 李湘涛. 高黎贡山：世界物种基因库[J]. 百科知识，2021(29): 44-50.

附录　云南省怒江州草果栽培周年工作历

月份	草果生长情况	工作内容	病虫防治
1	处于休眠期或准备萌芽阶段	除草，清除病枝、老枝	人工清理毒蛾类害虫卵块，放在田间地头统一烧毁
2	进入萌芽期	可进行种子播种，及时清除杂草，检查根部培土，修剪病枝	
3	快速生长期	施加有机肥，清除杂草	
4	开花期，叶片生长旺盛	根据草果生长情况追肥，喷洒硼肥，增加养蜂量，提高坐果率；保证花期土壤湿度在40%，若有连续阴雨天，做好排水；清理枯枝、病枝、落叶和杂草	采用苏云金杆菌、球孢白僵菌、苦参碱等非化学农药集中喷洒遮阴树，压低虫口密度
5	正值盛花期，进入果期		
6	果实膨大期	中旬前完成追肥，肥料以农家肥、有机肥、钾肥为主；保持土壤湿润	毒蛾类害虫进入蛹期，人工清理并将其烧毁
7	果实膨大期	保持土壤湿润，清理病枝、落叶、杂草	毒蛾类害虫进入羽化期，利用其趋光性，用杀虫灯诱杀；进入卵期，清理其卵块
8	果实膨大期	保持土壤湿润，清理病枝、落叶、杂草	人工清理毒蛾类害虫卵块，放在田间地头统一烧毁
9	果实成熟期	保持土壤湿润，修理病枝、落叶	
10	果实成熟期	保持土壤湿润，剪去病枝、枯枝和过密枝	
11	果实主要采收期	采收草果（轻拿轻放，避免在高温时段采收）；除草；砍掉当年挂果枝，覆盖根部，预防鼠害；追施有机肥	
12	开始进入休眠期	果实采收结束，应及时对采收的果实进行干燥处理；为裸露的根部培土	